ハダカデバネズミのひみつ

監修
岡ノ谷一夫
東京大学教授

X-Knowledge

はじめに

世界は「ひみつ」に満ちている

ライオン、ゾウ、キリン、ヒョウ、チーター、サイ、カバ、クロコダイル、カンムリヅル、ダチョウ、インパラ、シマウマ、ヌー、ハイエナ……挙げるときりがないほど地球上ここにだけ生息する種も少なくない、豊かな生態系を擁するアフリカ大陸東部に広がる乾燥地帯。稀少動物たちの闊歩する足下、硬い土壌の中に、その動物はいました。

ハダカデバネズミ。

インパクト大の名前を耳にしたことくらいは誰しもあるのではないでしょうか。

ほぼ地下暮らしという生態ゆえに発見されにくかったのか、この動物が初めて生息地以外で存在を意識されたのは19世紀。その後、唯一無二の特殊性にひかれた一部の研究者の熱い関心を集め、日本では1999年、旧知の仲であった米研究者トーマス・パーク氏の協力を得た岡ノ谷一夫氏の指揮の下、

千葉大学において初のハダカデバネズミ研究がスタートしました。その基礎知識から飼育における試行錯誤の過程、研究成果などにも言及し、一般の理解を進めるきっかけとなったのが、2008年に刊行された吉田重人・岡ノ谷一夫著『ハダカデバネズミ――女王・兵隊・ふとん係』(岩波科学ライブラリー)です。

以降も多方向から研究が続けられ、近年は三浦恭子氏率いる熊本大学のハダカデバネズミ研究室(くまだいデバ研)が担う分子レベルなどでの研究内容がメディアで取り上げられることも少なくありません。

とはいえ、さまざまなアプローチが進むほどに、全容が解明されるどころか新たな「ひみつ」が増えていく感のあるハダカデバネズミ研究。

この本では一筋縄ではいかないハダカデバネズミたちの世界をあらためてひも解きながら、その「ひみつ」の深淵に臨む人々の「現在進行形」をご紹介していきましょう。

VISUAL GALLERY

ハダカデバネズミって どんな動物？

裸・出歯・鼠──

これほど「名は体を表」している動物はいないでしょう。「百聞は一見に如かず」。3つのキーワードとともにとにかく「一見」！

KEYWORD

パッと見は無毛で、全身を覆うのはシワシワの皮。その色はグレーがかったピンク……という、なんとなく心配になるルックス。この動物について最初に報告した人が『病気か老衰で毛が抜けてしまった個体では？』と考えたというのもむべなるかな、です。しかしこれも哺乳類離れした独自の生態を知れば理にかなったものであることがわかります。

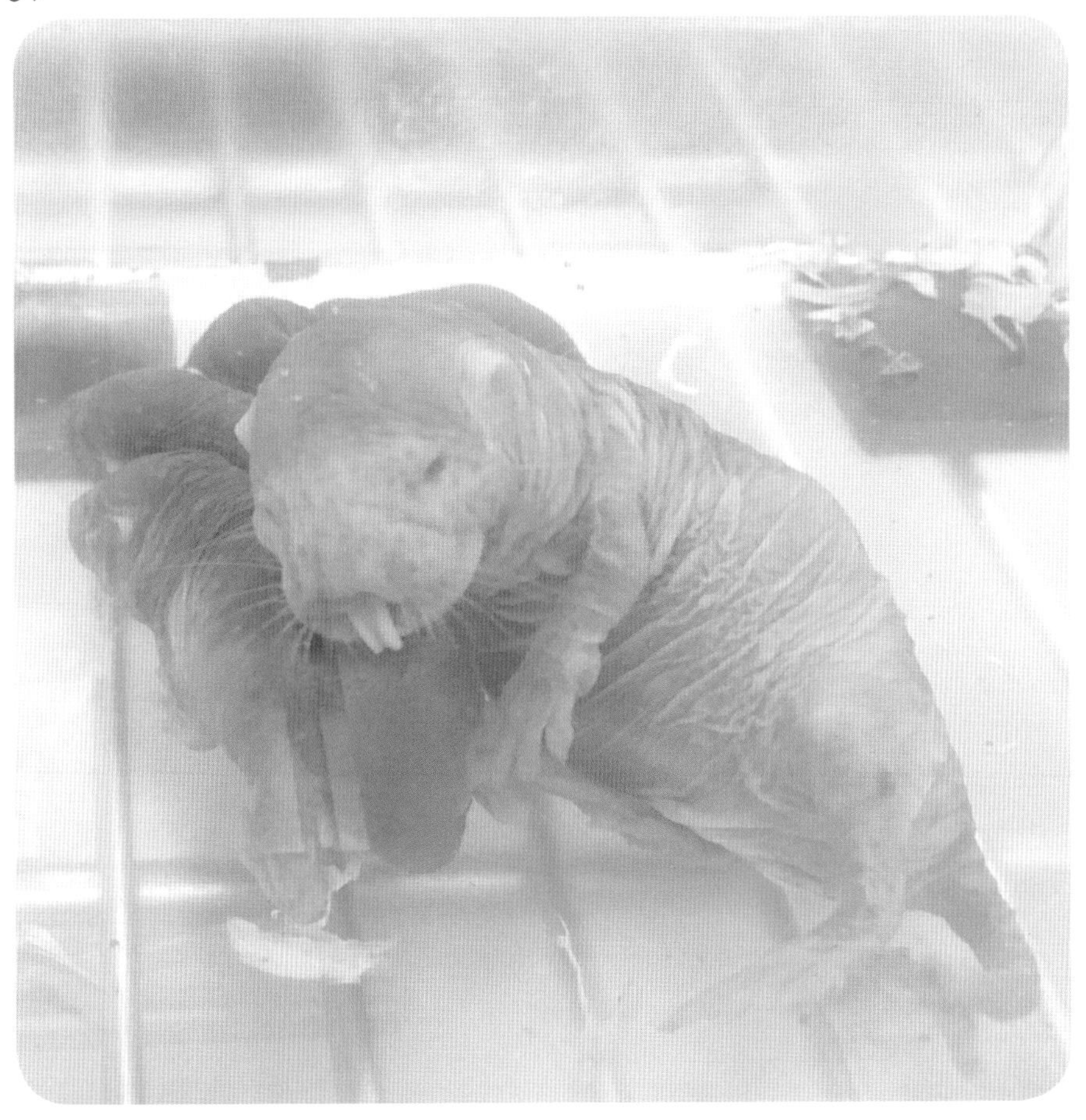

初めて見るとそのハダカっぷりに少々ギョッとするものの、だんだんクセになってくる？　本書でご紹介する写真の多くは、熊本大学ハダカデバネズミ研究室、通称くまだいデバ研(→P110)のハダカデバネズミたち。

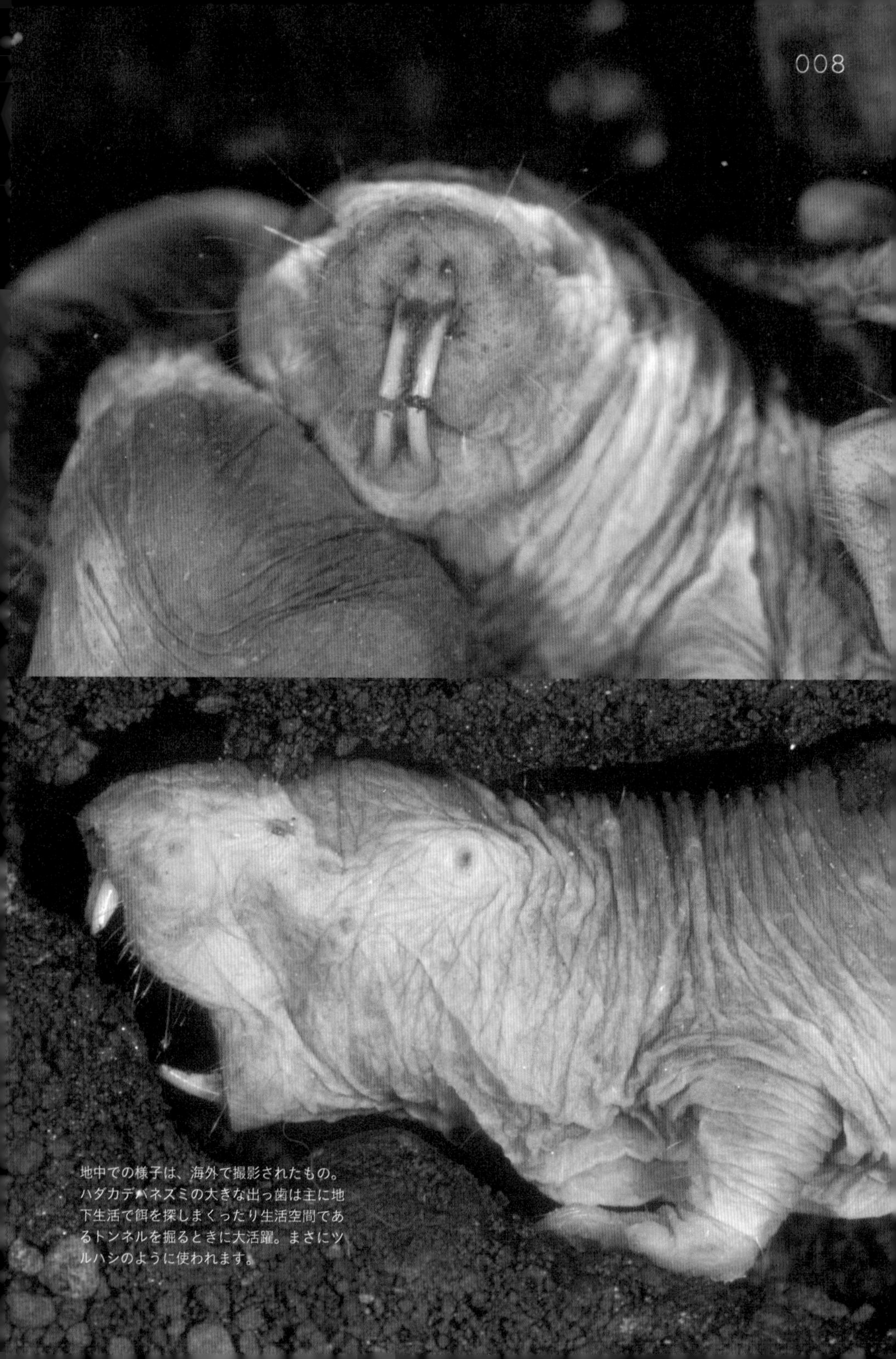

地中での様子は、海外で撮影されたもの。ハダカデバネズミの大きな出っ歯は主に地下生活で餌を探しまくったり生活空間であるトンネルを掘るときに大活躍。まさにツルハシのように使われます。

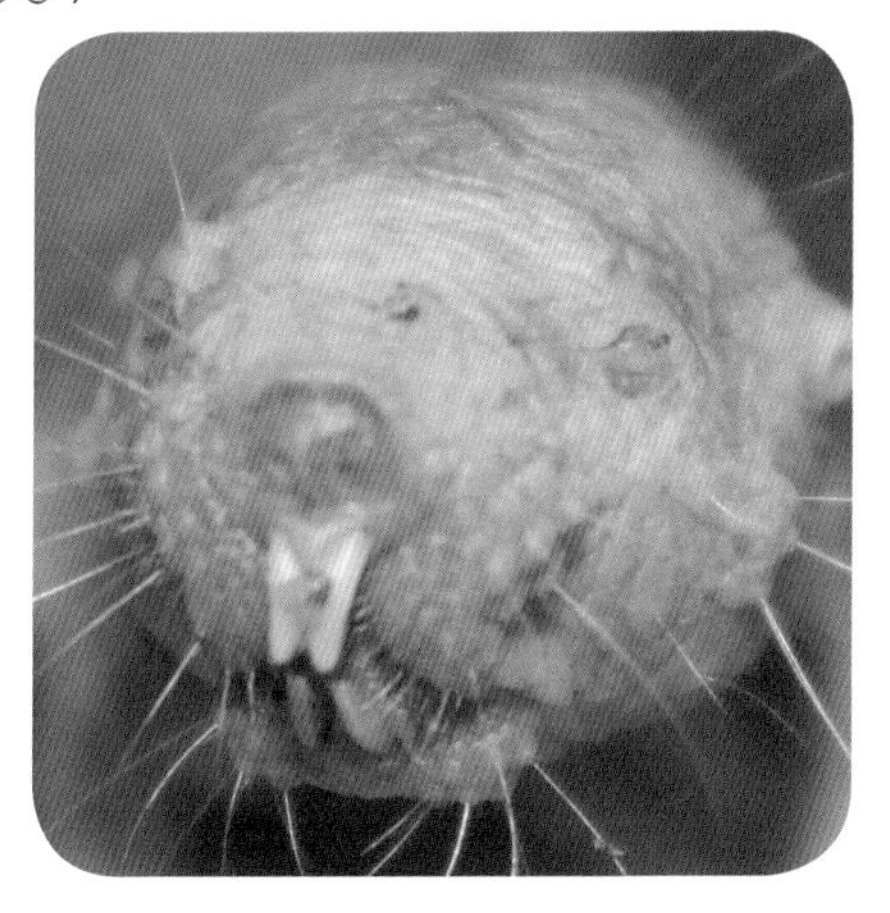

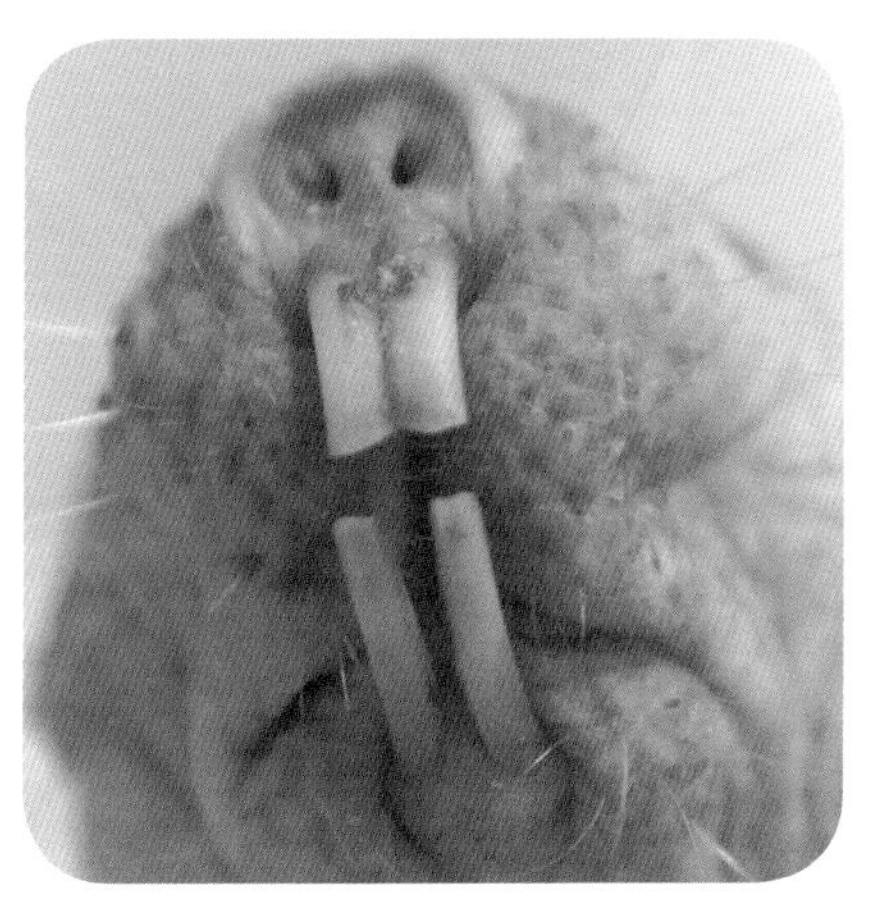

VISUAL GALLERY

KEYWORD

頭部に目をやるとまず飛び込んでくるのが堂々たる「出っ歯」。「フォークの刺さった（もしくはサーベル形の歯のついた）ソーセージのよう」「セイウチの子供に似ている」などなど、この動物を評する声がどうしても歯を中心としたものになりがちなのも納得の存在感です。その上に位置するブタを思わせる鼻も手伝って、「キモカワイイ」という表現がハマりまくり!?

そのイメージをかなり逸脱気味ですが、分類は名前のとおり、ネズミと同じ齧歯目。さらに細かくいうと、齧歯目ヤマアラシ亜目デバネズミ科に属しています。現存する哺乳類のほぼ半数にあたる2000~3000もの種を擁する齧歯目だけに「ふところが深い」といわざるを得ません。おなじみのネズミとの共通点は集団生活を送るところ。

子だくさんで働きものというイメージから「しあわせな家庭の象徴」とされることも多いネズミ。さて、ハダカデバネズミの世界はどうなのでしょう?

ハダカデバネズミの「ここがスゴイ！」

がん化耐性

40年近く日本人の死因第1位となっている「がん」。年齢を重ねるほど発症しやすくなるため長寿国では当然の結果ともいえますが、ハダカデバネズミはこの国民病に非常になりにくいことが判明。そのひみつを解明する研究に大きな注目が集まっています。

魅惑のルックス

ここまで見ただけでもおわかりのように、ネズミと名づけられてはいますが見た目は（実は中身も）かなり独自路線をいくハダカデバネズミ。関係者によると、見るほどに知るほどに惹かれていく動物なのだそうです。

厳しい階級社会

地中に掘った空間でコロニー（集団）を作って暮らすハダカデバネズミは、哺乳類では極めて珍しい、「真社会性」と呼ばれるアリやミツバチのような社会を持ちます。繁殖個体である「女王」を頂点とした階級に基づき、役割分業がなされた高度でシステマチックな社会生活を営んでいるのです。

17種の鳴き声

視覚に頼れない地下のトンネルで暮らすハダカデバネズミ。仲間同士のコミュニケーションには17種類もの鳴き声を状況に応じて使い分けています。

仕事中毒（ワーカホリック）

女王と王（繁殖オス）以外の非繁殖個体はトンネルの新設に改修、食べ物の確保、敵の撃退、子どもの世話にと大忙し。女王はコロニー内を見回りサボリを阻止します。

老化しない

一般に体の小さい動物の寿命は短く、マウスやモルモットは数年程度。それに対してハダカデバネズミの平均寿命はなんと10倍近い30年弱！ がん化耐性とも関連しますが、老化の兆候自体、あまり見られません。加えて痛みや低酸素状態への耐性があったりと、どうにもあなどれない能力の持ち主なのです。

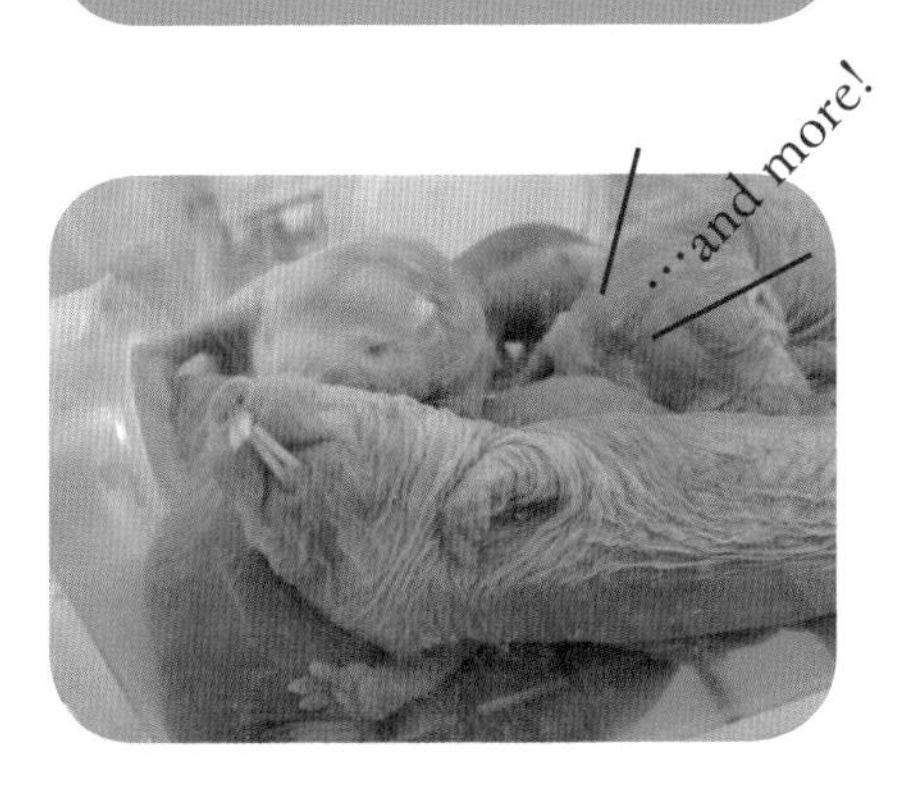

「一見」したら
もっとわからなくなった…
という人は、
以降の本編で
いざ！「百聞」

ハダカデバネズミのひみつ

CONTENTS

ハダカデバネズミのひみつ

CONTENTS

PART 4 研究編Ⅱ
ハダカデバネズミを研究する人々

CONTENTS

ブックデザイン
米倉英弘＋奥山志乃（細山田デザイン事務所）
イラスト 松岡リキ
構成・編集 ポンプラボ

PART 1

知識編 I

ハダカデバネズミってどんな動物？

PART 1

知識編 I

1

生息地と環境

もともと暮らしていた場所は？

野生のハダカデバネズミの生息エリアは東アフリカの熱帯乾燥地域、国でいうとケニア、エチオピア、ソマリアに位置するサバンナ（草原）です。ライオンやアフリカゾウ、キリン、サイなど数多くの多彩な野生動物たちが行き交う彼の地。ハダカデバネズミはその硬い土壌に掘ったトンネル網からなる巣で、平均80匹、多い場合は300匹にもなる群れを形成して暮らしています。1980年代前半に行われた追跡調査によると、彼らの巣を構成するトンネルの全長は、なんと最大3キロにも及んだのだとか。

それにしても、体長10センチ程度のハダカデバネズミがそれほど大規模なトンネルをなぜ、どのように掘っているのでしょう。

厳しい環境で生き抜くために

大きな理由としてはまず、「餌の入手」が挙げられます。

彼らと同じく地下生活を送る動物といえば、日本にも仲間が生息しているモグラが思い浮かびますが、その主食はミミズや昆虫。モグラはそれら獲物が移動する際に発する振動や音、においなどを自らの聴覚と嗅覚を駆使して発見、捕食します。

対して、草食性のハダカデバネズミの餌は主に地下植物や植物の根やイモなどです。ミミズや昆虫のように所在

決して植物に恵まれているとはいえない乾燥地域の地下で、命をつなぐ量の餌を確保する困難さは想像に難くありません。

野生のハダカデバネズミがいるのは「アフリカの角(つの)」と呼ばれるエリア。

を示すヒントはくれません。おまけに暮らしているのは植物自体があまり生えていない乾燥地帯……。

そこで彼らが餌探しのためにとった戦術(?)は、ズバリ「掘って・掘って・掘りまくる」ことでした。ここで有効となるのが、人海戦術。そのために必要な人員は、独特の社会システムをもつハダカデバネズミの性質＝「真社会性」(↓P28)により確保されます。

とはいえ気の向くままに作業するのはあまりに高リスクというもの。さすがにそこは掘りまくるだけでなく、労力を抑える掘削方法も編み出しているようです(↓P50)。

地下生活を送るメリット

しかし、そもそもなぜハダカデバネズミは自らの食性からしても有利とはいえない地下生活を選んだのでしょう。

それはひとえに、被食者の小動物にとって、そこが地上よりも安全で快適な住環境であったということに尽きます。トンネル内は外敵が侵入しづらく捕食の脅威が減らせる上、摂氏28～32度と一年を通じて地表に比べて寒暖差が小さく湿度も安定しているため、体力の消耗が抑えられるのです。

逆にデメリットとしては、前述のように餌を見つけにくい、新鮮な空気を得にくいといったことが挙げられます。空気といえば、野生のハダカデバネズミの暮らすトンネル内は約7％という低酸素環境。地表付近の大気の酸素濃度は約21％で、人間は18％以下になると酸欠死するといわれることを考えるとかなりの過酷さです。しかしこれについても、適応すべく彼らが進化を遂げてきたことが近年明らかになっています(↓P96)。

ハダカデバネズミの巣への侵入を試みる外敵は大きく2種類。そのひとつが他のコロニーからやってきたハダカデバネズミ。

ハダカデバネズミの最大の敵はヘビ。細いトンネルに入り込めるほぼ唯一の捕食者。
※イラストはイメージです。

PART 1
知識編 I

2

数ある齧歯目の中で近い種は？

分類と近縁種

ハダカデバネズミは大きくは脊椎動物に分類される哺乳類に含まれる齧歯類の一種。生物学上もう少し専門的な区分けとなる分類階級でいうと、哺乳綱齧歯目ヤマアラシ亜目デバネズミ科ハダカデバネズミ属となります。現生哺乳綱のほぼ半数を占める2000～3000種を擁する齧歯目は、ネズミ亜目、リス亜目、ヤマアラシ亜目の3つに大別されており、デバネズミ科は名前こそネズミですがヤマアラシ亜目。「ネズミ」と称されてはいても動物的な関係はヤマアラシにより近いとされています。

デバネズミ科に属す動物は15種が知られ、化石によってその祖先は2500万年前にはアフリカ大陸で暮らしていたとされています。加えてハダカデバネズミの化石は700万年～1万年前の地層から発見されており、デバネズミ科では比較的初期の段階で分化したと考えられています。

デバネズミ科の種の相違点

ちなみにデバネズミ科に分類される種に共通するのは地下生活を送ることと、出っ歯化した門歯を有すること。行動生態は種により単独性と群居性とに分かれます。真社会性をもつのはハダカデバネズミとダマラランドデバネズミ（→P27）、体毛がほぼ生えていないのはハダカデバネズミだけです。

【哺乳綱齧歯目からの分類】

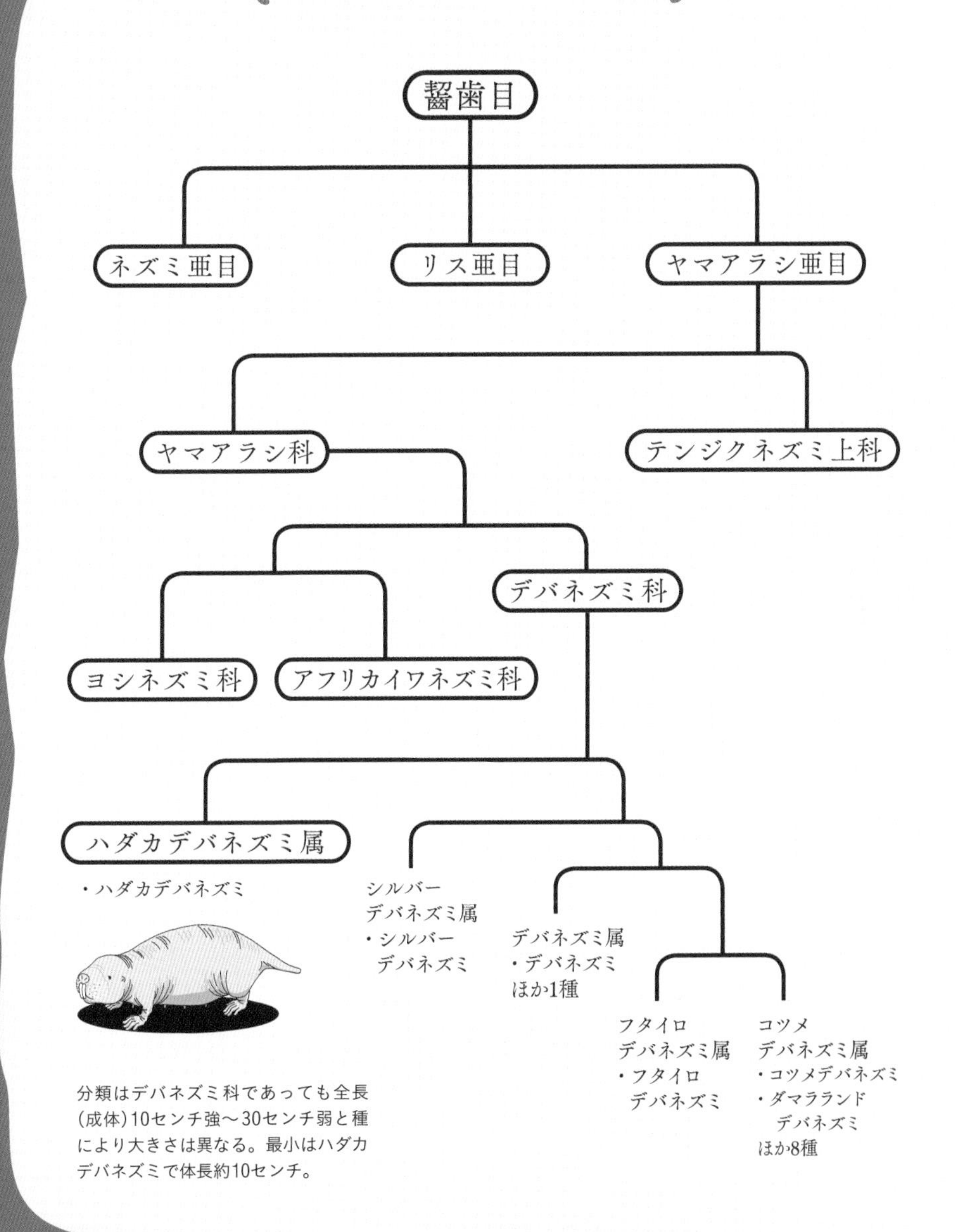

分類はデバネズミ科であっても全長(成体)10センチ強〜30センチ弱と種により大きさは異なる。最小はハダカデバネズミで体長約10センチ。

PART 1

知識編 I

3

名前の意味

学名・英名・和名に示された特徴

巻頭で見てきたように、ハダカデバ(出っ歯)、ネズミのように群居性で集団生活を送る「ハダカデバネズミ」。まさに見たまんま、3大要素をテンポよく並べたこのキャッチーな名前は日本独自に付けられた「和名」です。少し長いので「デバ」という愛称もよく使われています。一方、英語で付けられた「英名」が「naked mole-rat」。直訳すると「ハダカのモグラネズミ」となります。「モグラ」は地下生活を送るという生態上の共通点、加えて口まわりの印象は異なるものの、よく見ると似ていなくもない短い鼻先、目の小ささなどに由来しているのでしょうか。ただいかんせん、体毛の有無、ハダカデバネズミの出っ歯同様に存在感のあるモグラのシャベルのような前足、といった特徴が強烈なので、鼻先や目の類似は見落としがちかも。

こちらも「モグラ」推し

ちなみに中国語では「裸鼹鼠」という表記。「鼠」の字が入っていますが、「鼹鼠」はモグラの意味です。

そして、ラテン語で付けられた生物学界における正式名称である「学名」が「*Heterocephalus glaber*」。これは「変わった頭部の毛無し動物」といった意味。「変わった頭部」に出っ歯の印象も含まれると考えると、包括的で秀逸なネーミングといえるのかもしれません。

英名では和名の「デバネズミ」部分が「mole-rat(モグラネズミ)」。上と左の写真はハダカデバネズミ同様、真社会性をもつダマラランドデバネズミ(Damaraland mole-rat)。ハダカでないこちらは確かにモグラっぽいかも……。ちなみに下はヨーロッパでよく見られるモグラ。

似てるかな……?

PART 1

知識編Ⅰ

4

超レアな「真社会性」哺乳類

生態と社会構造

地中で集団生活を営むアフリカ原産の知る人ぞ知る動物。そんな位置づけだったハダカデバネズミが一躍注目の的となったのは、1981年に脊椎動物で初めて「真社会性」が認められた動物として科学誌『サイエンス』に紹介されたのがきっかけでした。「真社会性」とはそれまでハチやアリの仲間を中心とした無脊椎動物でのみ知られていた特徴で、ハダカデバネズミは女王を頂点に役割分担のある社会集団を形成する、極めて珍しい哺乳類だったのです。

女王を戴く特殊な社会構造

真社会性動物の条件としては、次のようなものが挙げられます。

・二世代以上が同居している。
・繁殖個体が限定されている。
・自ら繁殖することはなく、決まった繁殖個体を手伝うためだけに存在する個体を多く含む。

ハダカデバネズミは数十匹～数百匹にもなる規模のコロニー（集団）を形成し、基本的に地中で生活しています。その中で繁殖する個体はというと、右記の条件のように、「女王」1匹と1～3匹の「王」だけ。それ以外の数十匹の非繁殖個体のうち小型のものは穴掘りや食料調達、子育てほかで働きまくる「雑用係」（「働きデバ」とも）、大型は巣を防衛する「兵隊」となります。

女王は巣内を回っては他の個体の働きぶりをチェック。さぼっている個体を叱咤し、仕事をするよう促す。

雑用係の重要な仕事のひとつが「ふとん係」。何層にも折り重なっていると下層の「ふとん」が心配になりますが、大丈夫のようです。

〔基礎知識〕

5

体の部位(パーツ)と特徴

地下生活に適応した体に迫る!「ひみつ」は見た目に現れる

前述のように、哺乳類で真社会性という生態をもつのはハダカデバネズミと近縁種のダマラランドデバネズミのみ。加えて、デバネズミ科で唯一ハダカ(ほとんど体毛がない)ということにも象徴されるように、ハダカデバネズミには独自の生理的性質、生態をいくつも見ることができます。

そのひとつが、体温を一定に保つ機能をもたない変温動物であるということ。現在は動物の体温制御は種によって多様ということが明らかになり、恒温動物、変温動物という分け方自体かつてほど用いられない流れになってきていますが、哺乳類ではやはりごく少数派であるのは確かです。

すべての動物は生き延びるために、環境に適応するべく自らの体を多少なりとも変化させてきました。食べ物には恵まれてはいないものの、温度・湿度の変動、敵の襲来ともに少なく、環境の安定した地中生活を選んだハダカデバネズミ。その体温は約32度と省エネ低め設定で、マウス(同37・5度)などと比べるとごく少量の餌で生き延びることが可能。つまり彼らはエネルギー消費を抑えるために体温調節システムを捨てたのです。

以降ではパーツ別にその興味深い体の特徴を見ていきましょう。

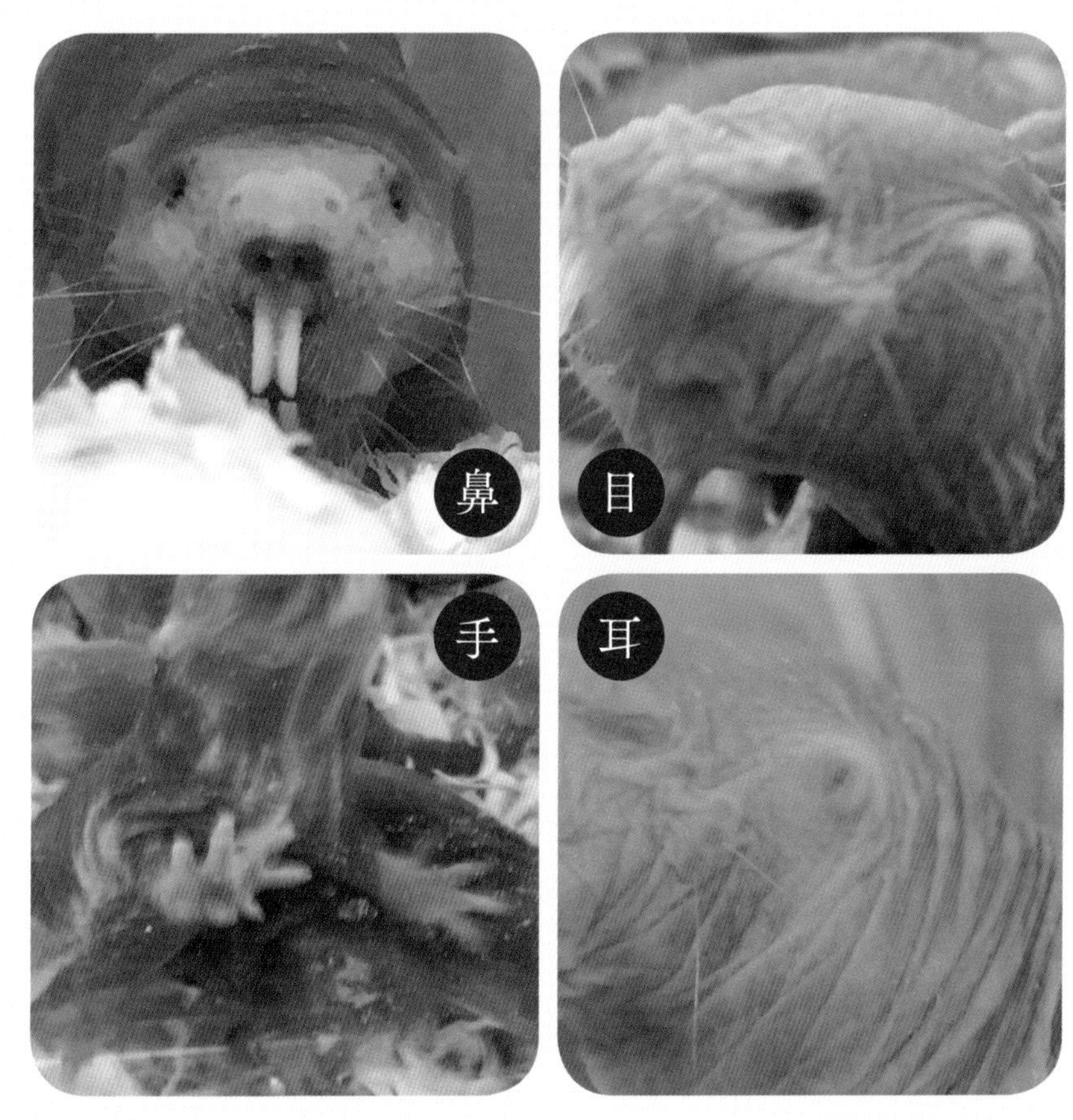

ここでは4つのパーツをクローズアップ！
小さいけれどよく見ると可愛い目。真横から見ると穴のような耳。出っ歯の上で存在感を主張する鼻。食べ物を持ったり出っ歯の汚れの掃除もする手。——それぞれの大きさは次ページのほぼ等身大写真でご確認を♪

ほぼ等倍全身像

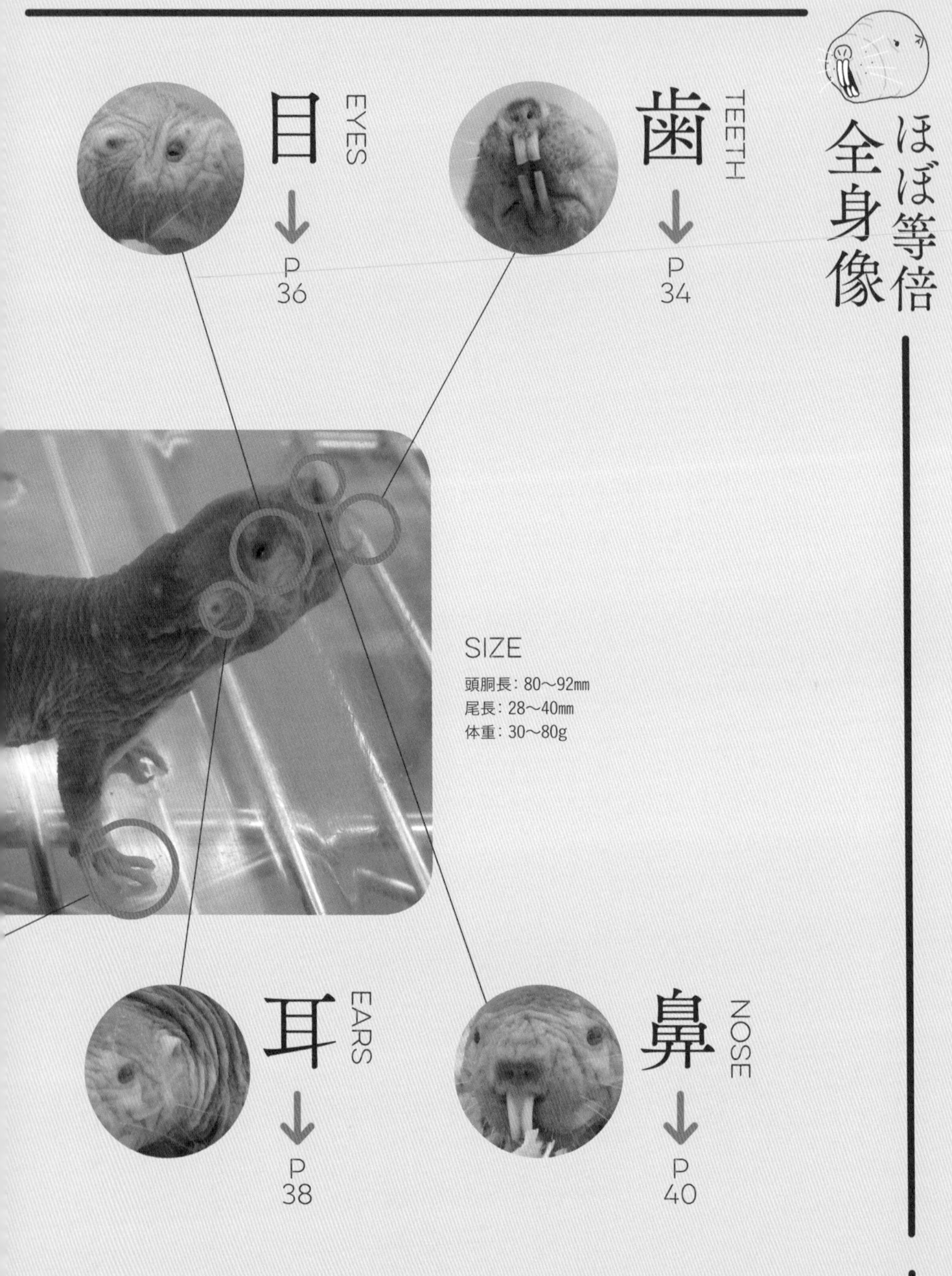

SIZE

頭胴長：80〜92㎜
尾長：28〜40㎜
体重：30〜80g

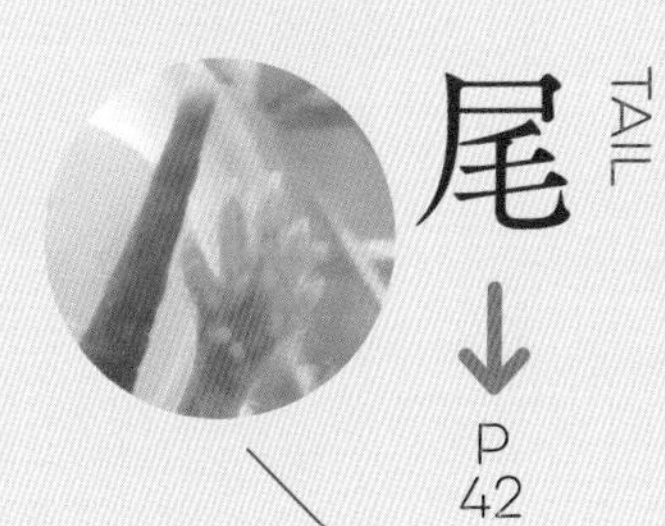

尾
TAIL
P 42

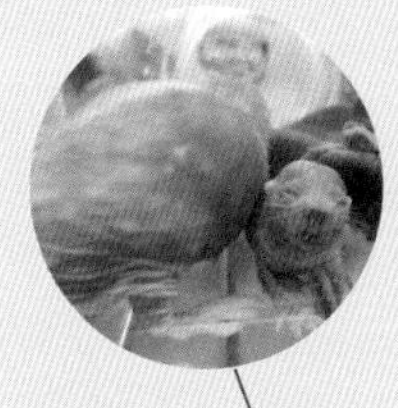

皮膚・毛
SKIN&HAIR
P 44

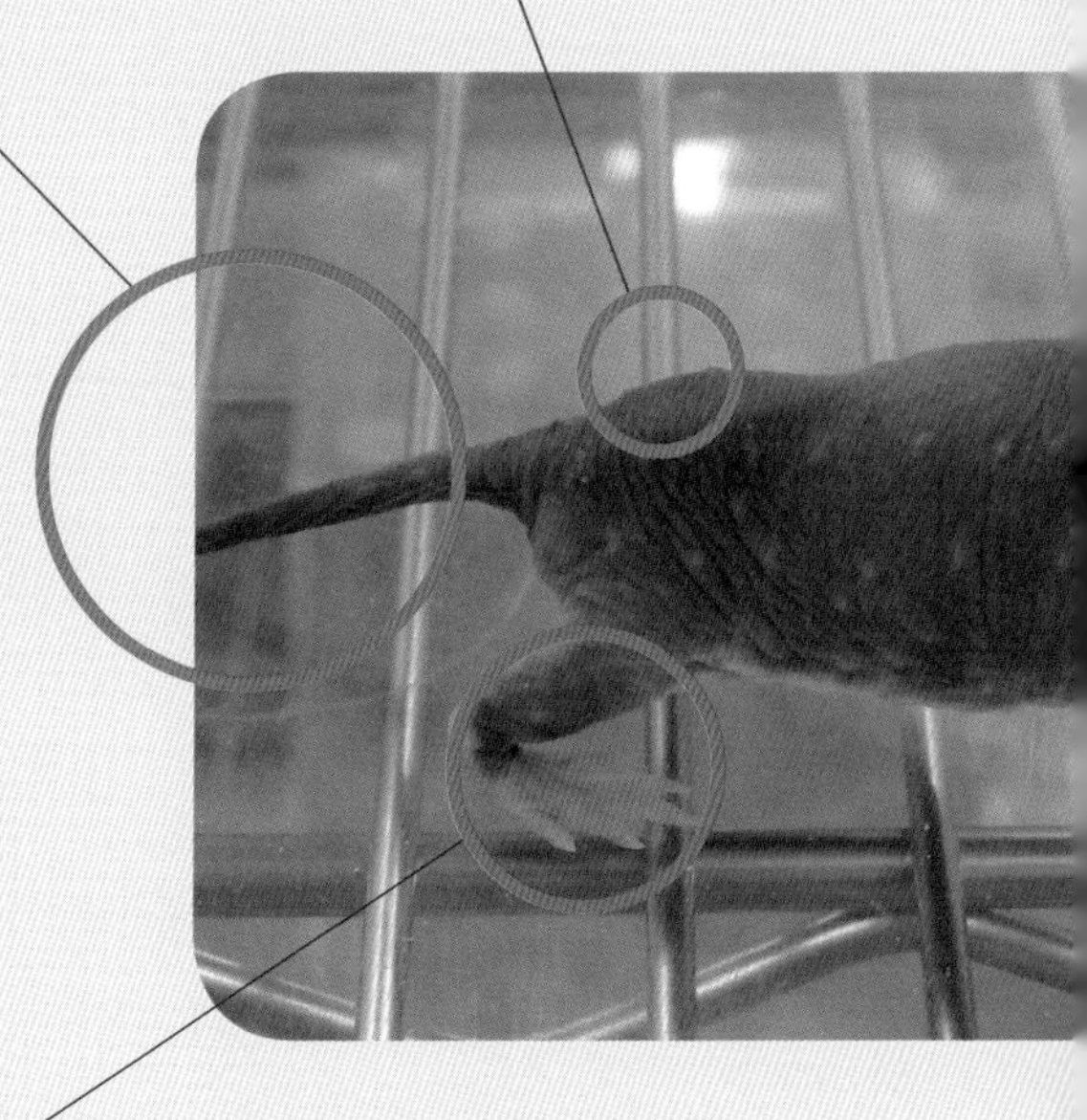

後ろ足
LIMBS
P 42

前足
LIMBS
P 42

パーツ別解説1

歯 TEETH

和名にも含まれる最大の特徴

硬い土だってなんのその。この立派な出っ歯をツルハシのように使ってトンネルを掘りまくるのです。

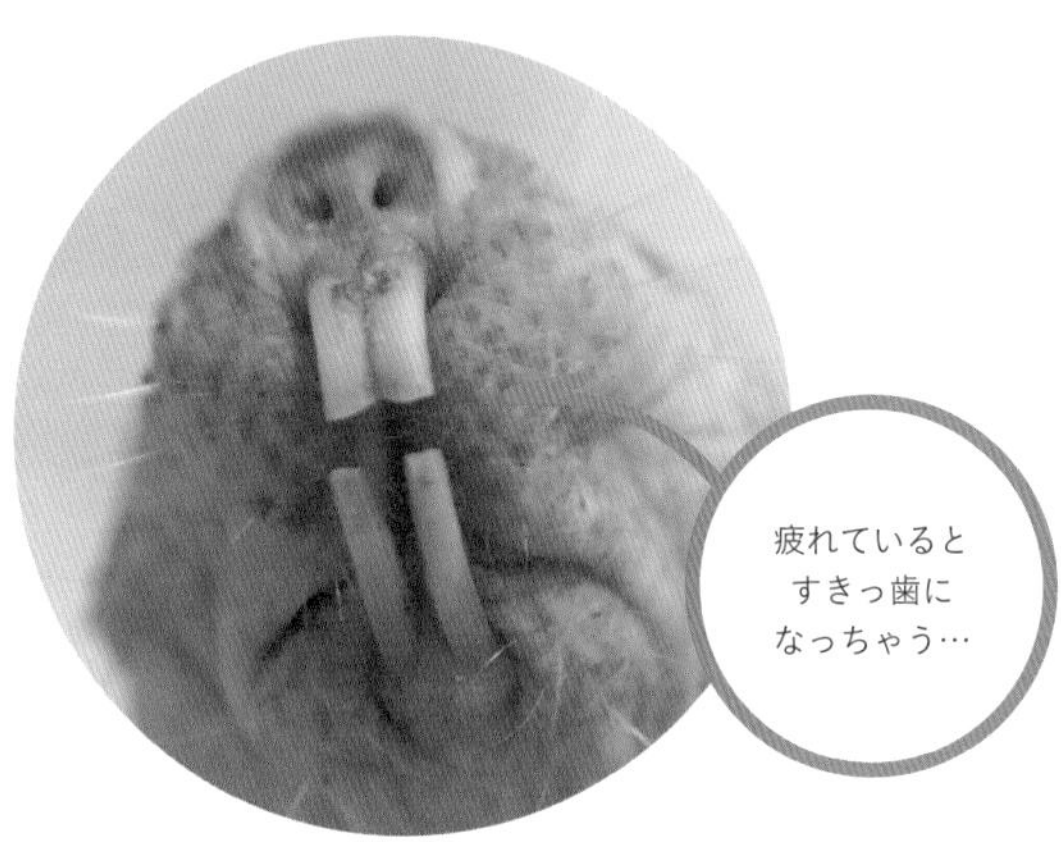

疲れているとすきっ歯になっちゃう…

ハダカデバネズミ（通称デバ）を前にした人がまず視線を奪われるのが、顔の中央で猛烈にアピールしてくる出っ歯。正面から見ると上顎から生える出っ歯に隠れがちですが、口を開けたり少し角度を変えれば下顎からもにょっきり2本。出っ歯は上下一対ずつ生えているのがわかります。これらは前歯の真ん中にある門歯（一般に人間の場合は切歯と呼ばれます）で、個体のサイズにもよりますが長さはだいたい5ミリほどです。

なお、歯というと口腔（口の中）にあるイメージですが、デバの出っ歯が生えているのは口唇の外側。つまり門歯は口腔に収められることなく常に外に飛び出した状態というわけで、常に出っ歯が目に入るのはそのためです。似

たものにゾウの牙（上顎の門歯）、セイウチの牙（上顎の犬歯）などがあります。ちなみにデバの口腔には左右3対、計12本の臼歯が生えています。

デバの出っ歯にはさらなる特徴があります。下顎から生えているものに限られますが、クワガタムシなどの大顎のように左右の歯をそれぞれ動かすことができるのです。通常は閉じている下顎の2本の歯は、エサを口にくわえて運ぶときなどはくわえたエサが安定するように開かれます。そのほか硬いものをかじるときも左右の歯を微妙に動かして調整しているようです。

また、デバにとっては歯の間が開いているときが力をゆるめた状態で、具合の悪い個体はすきっ歯になっていることが多いのだとか。

パーツ別解説2

目

EYES

暗い地下生活では活躍度は低め

サイズはプチでも実は表情豊か。シワでわからなくなるときもあればこんなつぶらな瞳に会えることも?

大きさが重要度と比例している一例

デバネズミの目に限っていえば「口ほどに物を言う」ことはまずありません。存在を主張しまくる出っ歯(門歯)とは逆に、直径1ミリ程度、ゴマ粒くらいのサイズの彼らの目は、とても慎ましくシワシワの皮膚に埋もれるように備わっています。開いているときはまだしも、閉じているときは細かいシワにまぎれてどこにいったかわからなくなるほどです。

それもそのはず、光のほぼ差さない地中暮らしの彼らの目は退化しており、視覚はほとんどないようです。能力としては周りの明るさを感知する程度といわれています。

眠っているときは目を閉じるとして、ではそれ以外のどんなときに目を開いたり閉じたりするのか、についてはよ

くわかっていないようです。「驚いたとき目を見開いた」という飼育従事者の目撃情報もかつてあったようですが定かではありません。

ただ、目が開いているか閉じているかにかかわらず、彼らはかなり素早く暗く狭いトンネルの中を駆け回ることができます。視覚ではなく何を頼りにしているのでしょう。

一つに、体の要所要所に配置された「感覚毛」(→P44)。もう一つには、仲間との音声を通じた密なコミュニケーションが挙げられます。実は日本におけるハダカデバネズミを対象とした研究は、この音声コミュニケーションをテーマにスタート。そこから多方面に拡がっていきました。これについてはPART3で取り上げます。

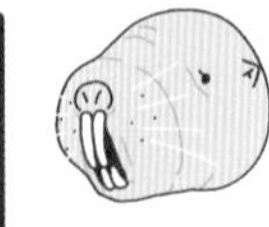

パーツ別解説3

耳

EARS

重要器官のはずがこれもプチサイズ

外に飛び出た耳介は小さいけれど、大切な情報を受けとる耳。17種の鳴き声を聞き分けています。

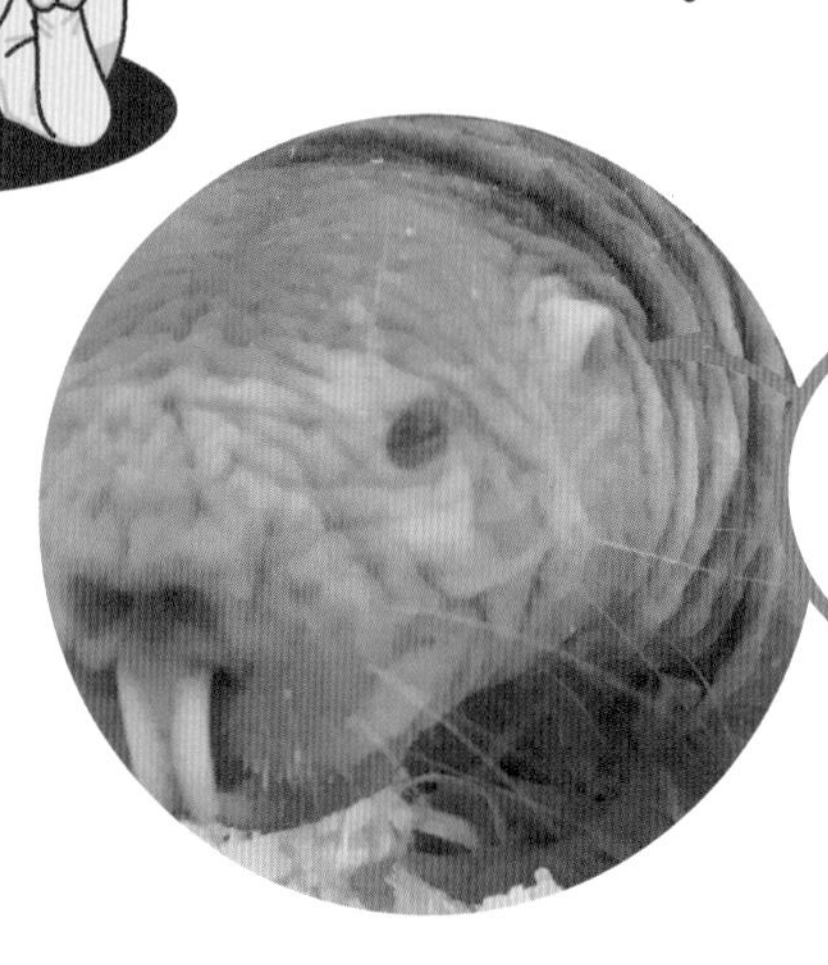

仲間からのメッセージはしっかりキャッチ!

目の後方の少し上部にある小さな盛り上がり(耳介)とその中にぽちっと開いた直径1ミリ足らずの穴、これが耳です。世界的有名キャラ(〇ッキー〇ウス)をはじめネズミ類を絵に描くと耳介(外耳の一部で、集音のために外に突き出したところ)がチャームポイントのひとつになったりしますが、ハダカデバネズミはここでも例外。その理由としては、トンネルを行き来する際、じゃまにならないよう適応したということなのでしょう。

しかしこの耳介、研究者にとってはないと少々不便なものだったようです。というのも、研究飼育では他の齧歯類は耳介にイヤーパンチで小さな穴をあけてそのパターンにより個体識別を行うのが通例。それが不可能なので、ハ

ダカデバネズミには背中に小さな入れ墨を施し個体識別を行っています（本書掲載の写真でも識別用タトゥーを背負った個体が）。

なおハダカデバネズミの小さな耳の穴＝耳孔を顕微鏡で観察すると、『土が入り込むのを防げたとしても音が聞こえにくくなるのでは……？』と思うほど穴を覆いつくすように細かい毛がびっしりと生えているのだとか。実際のところ、毛のせいかどうかはさておき、ハダカデバネズミの耳はそれほどよくない（人間の尺度では）ことが聴覚実験によりわかっています（→P88）。他の個体と鳴き声を駆使してコミュニケーションをとることを考えると意外かもしれませんが、とりあえず彼ら的にはノープロブレムのようです。

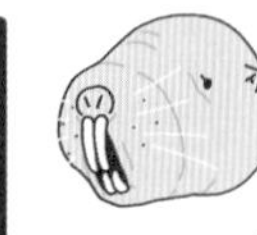

パーツ別解説4

鼻 NOSE

生き残りをかけて各種情報を収集

出っ歯のすぐ上だからそれなりに目立つでしょ？ 視覚は自信ないけど、鼻はけっこうきくほうです。

ジャマにならない
絶妙な高さです
要は、低い？

正面から見ると、という条件付きですが、ハダカデバネズミの顔の中で歯に次いで存在感あるパーツといえば鼻でしょう。上顎の出っ歯のすぐ上に並ぶ2つの鼻の穴は、かなりの目立ち度。ブタのそれを思わせます。これはラットなど他のネズミと比べて特に鼻先が短いからといったわけでもなく根本的に頭部の作りが違うことによるもの。つまり、その下の皮膚から生えている出っ歯に押し出されるように鼻の穴が前向きになっているのです。

しかしこの形は、ハダカデバネズミにとっては好都合なのかもしれません。視覚はほとんど使えないため嗅覚によりり周囲の情報のほとんどを得ている彼らは、常に鼻をヒクヒク動かし周囲のにおいを嗅いでいます。捕食者（主に

ヘビ）や他の群れの個体が侵入していないか、はたまた近くに食べ物はないか……と、生存に関わる必須情報を鼻で獲得し続けているのです。

なお嗅覚で敵を見つけるということは、同時に、においが同じ群れの仲間同士か否かを見分けるツールとなっているということでもあります。では仲間であることを証明するにおいの情報はどのように得ているのでしょう。

そのための重要スポットが、ハダカデバネズミの巣穴に必ず設けられている共同トイレです。彼らは排尿後、その場で背中を地面にこすりつけたり足で体を掻いたりして自身や仲間のにおいをせっせと体に付着させます。そのにおい情報をもとに外敵を検知し、速やかに排除すべく行動を起こすのです。

パーツ別解説5

手足・尾

LIMBS & TAIL

目立たないけれど仕事はしっかり

短い腕の先についた手の指は5本。リスなどと同じように食べ物をつかんだり、いろんな場面で使います。

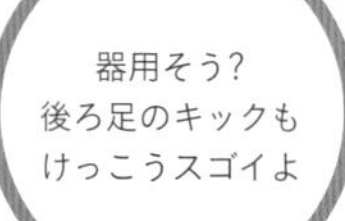

食べ物を探すために掘り進められる地表近くのトンネルは、直径2・5センチほど。こうした細い通路を含むトンネル網を日々忙しなく行き来するハダカデバネズミの体型は、胴長短足です。長い胴体部分は狭いトンネル内で体の向きを変えやすいよう非常に柔軟に作られており、手足は引っかからないようコンパクトな作り。いわゆる「体毛」はないですが、体の至るところ、尾の先まで「感覚毛（→P45）」が生えています。ちなみにバック走行も得意でかなりのスピードが出ます。

前足（手）、後ろ足とも足の指は5本ずつ。前足はリスや他のネズミの仲間と同じく、かなり器用に食べ物などをつかんだり支えたりすることができま

す。そのほか、出っ歯に付いた汚れを両手で拭うように掃除することも。
前足よりもひと回り大きい後ろ足は、トンネルを掘り進んだ際に出た土を後方へ蹴り飛ばしたり、それを地上に搬出する際に大活躍します。搬出は、地表近くのトンネルのところどころに掘られた、地上に通じる穴から。ここから後ろ足で土を蹴りだすのです。地上側から見ると、蹴りだされた土がこんもり小山となっているのが一目瞭然（→P55）。土を外へ蹴り上げる様子が溶岩を噴き上げる火山を彷彿させるので、この穴は「ボルケーノ（Volcano）」（英語で「火山」「噴火口」の意）と呼ばれます。なお彼らは当然気づいていませんが、このボルケーノが敵の侵入のきっかけとなることも少なくありません。

パーツ別解説6

皮膚・毛
SKIN&HAIR

独自の進化で地下生活に適応

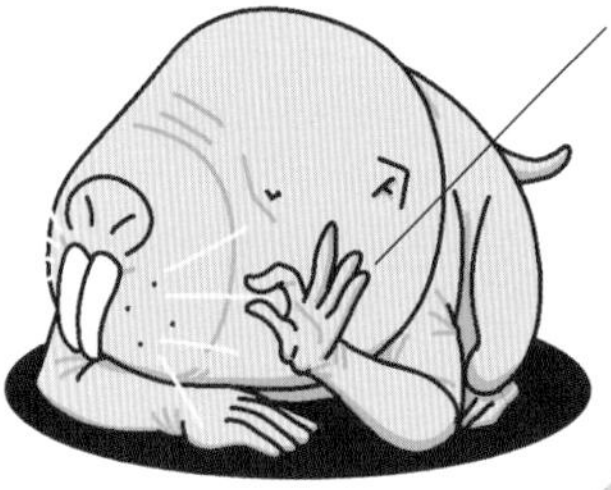

ハダカハダカっていわれるけど。実は目立たないけど毛もはえてるんです。いわゆるひげってやつ?

近くで見るとシワシワ……でも意味があるの

薄いピンク色でシワシワの目立つ皮膚。毛で保護されていないため一見心細く感じますが、実は地下の生活環境に必要な機能をしっかり備えているようです。

このシワシワも理由があります。ハダカデバネズミは暗い地中のトンネル網をかなりのスピードでひっきりなしに移動しています。その際、勢いのついた状態で尖った木の根などの障害物に体を引っ掛けたりしてもハダカの皮膚がすぐに割けたりしないよう、体中にゆるみ(表面積以上の皮膚=シワ)をもたせているのです。ちなみに皮膚自体も薄くて強いのだとか。

ハダカのような状態ももちろん理由があり、これはノミやダニなどの寄生虫がつきにくくするためと考えられて

います。小さな野鳥など時に小動物の命を奪うことすらある寄生虫。そのリスクを下げるため、寄生虫の温床となりがちな毛を捨てたのです。

なお、ハダカ呼ばわりされていますが、彼らの体はまったくの無毛ではありません。写真を見てもわかるように、口の周りや目の上、胴の横、尾……と、各所に白く長い毛が生えています。しかしこれらは体の表面の保護や保温が目的ではなく、ネコなどのひげと同じく、行動の際に状況を把握、判断するためのアンテナの役割を果たす「感覚毛」と呼ばれるもの。地下の暗闇の中で周囲の様子を感知したり、平衡感覚を保ったり。トンネル網で急な曲がり角に出くわしたとき激突せず方向転換できるのも、この毛のおかげです。

……………ぎゆゔぎゆゔぎゆゔぎゆゔ

PHEW..

PART 2

知識編 II

ハダカデバネズミの特殊な生態

PART 2

知識編Ⅱ

1

真社会性の特徴

繁殖個体とそれを下支えする個体

限定された繁殖個体と、その繁殖をサポートする役割を担った多くの非繁殖個体で構成された二世代以上が同居する社会集団――。前章でも触れたように、ハダカデバネズミは脊椎動物では極めて珍しい「真社会性」と呼ばれる社会形態をとっています。

その役割は左ページのように大きく4つに分けられます。が、同じく真社会性であるアリやハチの仲間のように外見から簡単に判別できるほど分業が確立しているわけでもありません。

コロニーを旅立つ個体も

後述しますが、ハダカデバネズミの役割は成長や状況で変化することがあります。この変化については同じく真社会性のシロアリの生態に類似しているのではとも考えられてきましたが、2007年にシロアリの役割は先天的なものであることが明らかになりました。対してハダカデバネズミの役割決定の仕組みに関してはまだわかっていないことも多く、将来的に遺伝的な要因の関与が示されるかもしれません。

なおハダカデバネズミの社会を構成するごく一部には、コロニーを離れて新天地へと旅立つ個体が存在することもわかっています。これなどは成功率がどんなに低くとも遺伝子の拡散を貪欲に目指す、生物の神秘の一端が垣間見れる現象といえるでしょう。

女王を頂点とした
ハダカデバネズミの
職業階級（カースト）
ピラミッド
女王
（繁殖メス）……
出産・授乳を行う。
王……
女王と交尾を行う。
兵隊……
巣を外敵から守る。
雑用係……
そのほかの仕事各種を担当。
※同じ階級に属する個体
であってもその体格など
により序列が存在する。

PART 2

知識編Ⅱ

2

地下生活の様子

トンネル網（ネットワーク）の拡げ方

過去の調査では総延長最大3キロ、面積は10万平方キロにもなったというハダカデバネズミの地下トンネル。その形成を可能とするのが、真社会性を支える強固な集団パワーです。巣穴はまず地表近くに延びる直径2・5センチほどの通路、そして地下50センチほどの深さに真っすぐに延びた4～5センチほどの太い通路、両方を行き来するための通路、加えて大小の小部屋で構成されています。

それぞれの通路の特徴

地表に近い通路は細く枝分かれしているのが特徴で、これは食料探しのために掘り進められたため。基本はまず無駄な動きをなくすべく真っすぐに掘っていき、見事食料に行き当たると、その植物の種類などにより掘り方を変えます。例えば一株単独で大きなイモができる種か、群生する種か、後者であれば仲間と周辺を探しまくるという具合。なお大きなイモは内部から食べ終わるとその空洞に土を詰め込み、再生を促します。

地中の太い通路は「ハイウェイ（高速道路）」と呼ばれるメインの生活道路。大小の部屋や餌場を行き来するもので、この途中に点在する部屋は、食事をしたり眠ったりするコロニー構成メンバーの居室。そのほか、トイレや方向転換するための場所も設けられています。

変温動物なので行動で温度を調整。一時的に
寒くなったりしたときは地表近くの暖かい土
壌に集まるなどして暖をとる。

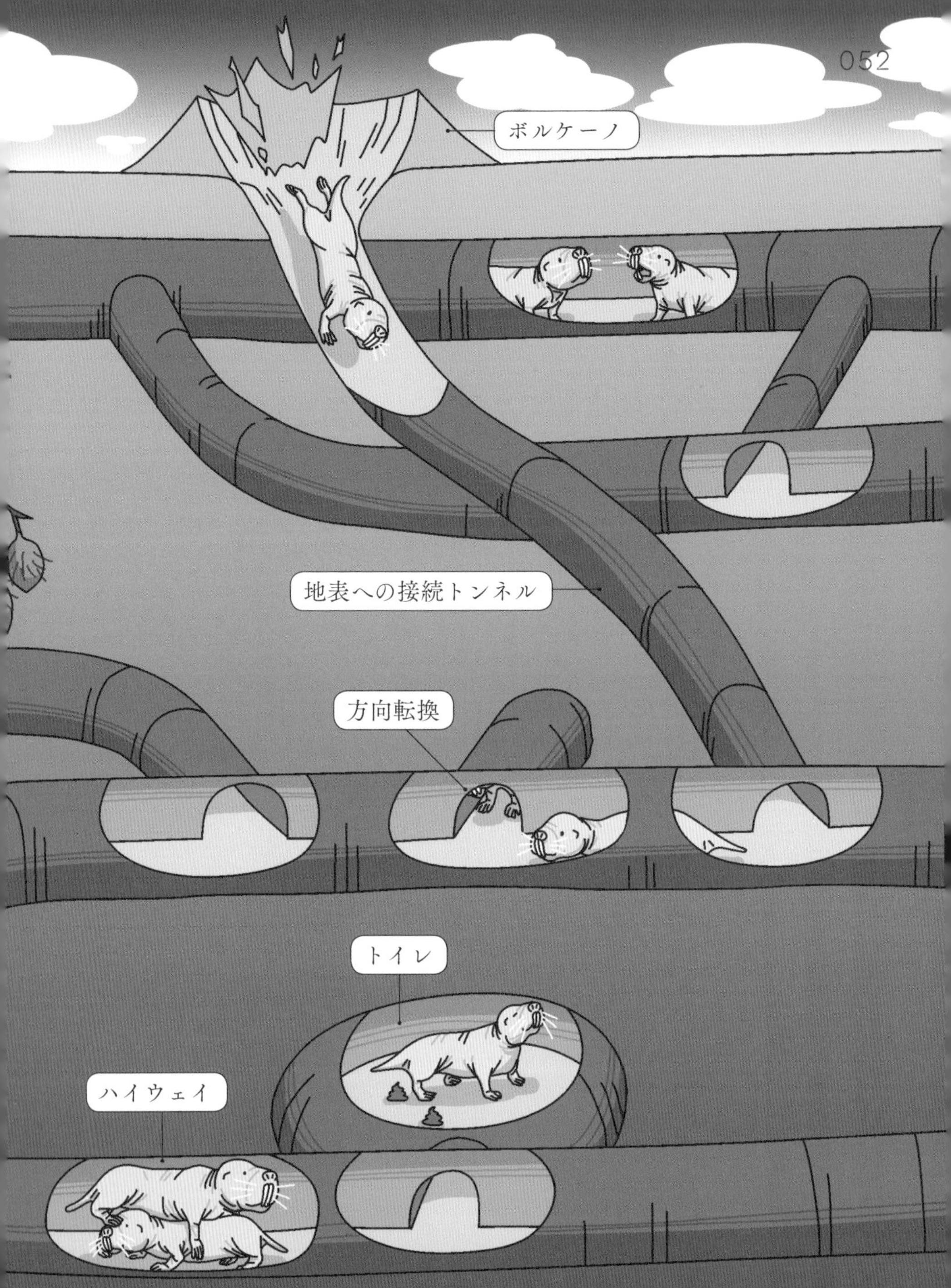

※地中深く、横に真っすぐ延びている通路がハイウェイ。
それと寝室・居室は最下層にあり、その層から食料のある
地表近くの餌場までトンネルが縦横に張り巡らされている。

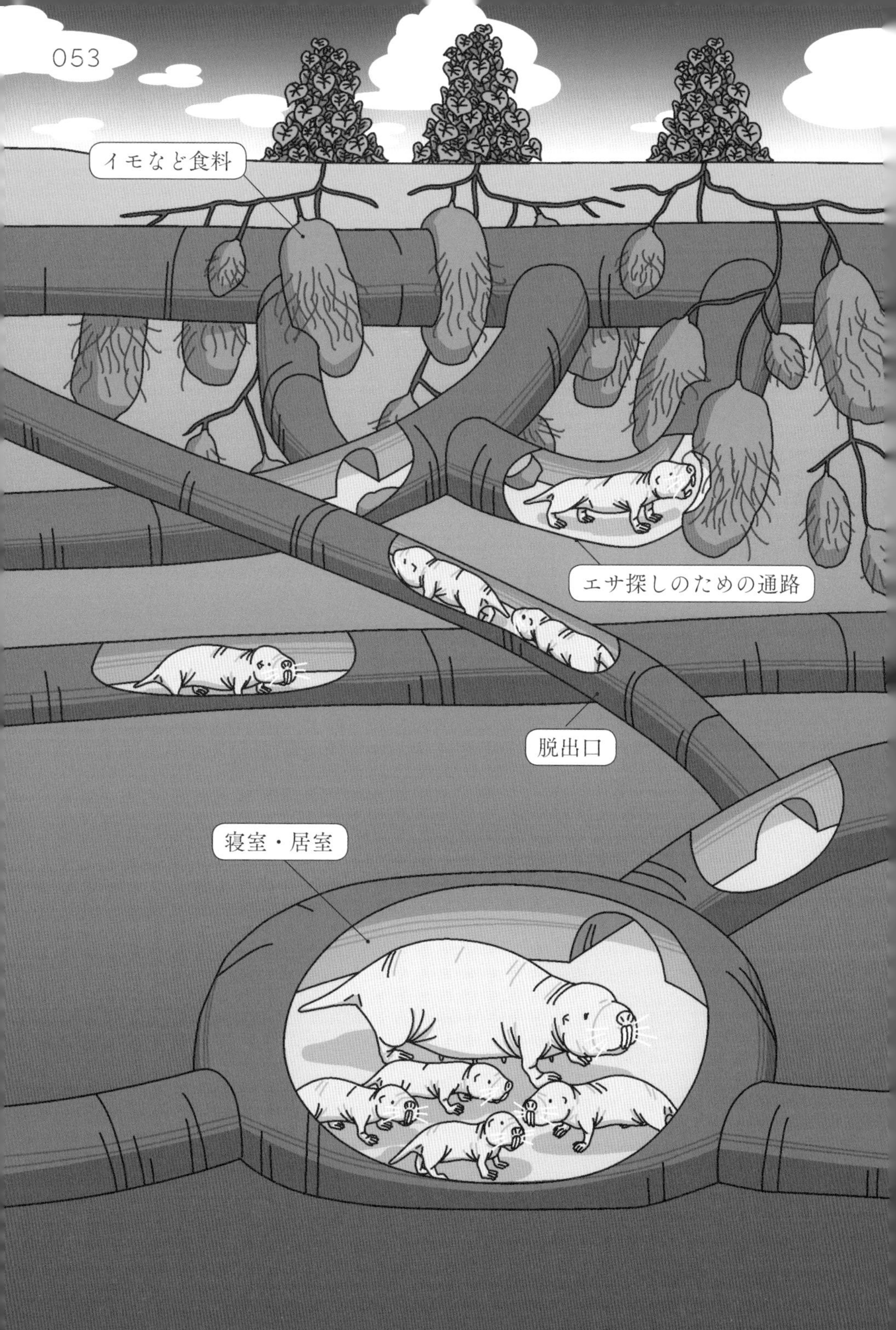
イモなど食料
エサ探しのための通路
脱出口
寝室・居室

PART 2
知識編Ⅱ

3

コロニー（集団）内の役割

構成メンバーとそれぞれの仕事

ハダカデバネズミの1つのコロニーは、繁殖に関わるただ1匹のメス（女王）と1～3匹のオス（王）、非繁殖個体である平均数十匹の兵隊、雑用係から構成されています。繁殖メスである女王のみが出産を重ねることで、同一コロニー内の個体同士の血縁度は当然どんどん高くなっていきます。

生物共通の最大の目的といえば、結果的に、自己の遺伝子をできるだけ広めることです。周囲がすべて血縁＝自身の分身に近い状態では役割分担をして協調したほうが目的達成には好都合――ということで確立されたであろうこの社会において、1個体の力は微小でも彼らは実に興味深い集団行動と身体能力を発揮します。

「ワンフォーオール」社会

成長後も生まれた巣で暮らすことを選んだ子どもたちは、食料を探したりトンネルを掘ったり、弟妹たちの世話をしたりと女王をサポート。左ページのように我が身を犠牲に巣を守ることも厭いません。このような自己犠牲的な行動は遺伝子共有率がとても高いために現れると考えられていますが、そんななかで女王はさらに次の子どもたちを出産……と、個体群としての命は粛々とつながれていくのです。

以降では彼らの4つの役割とその特徴について見ていきましょう。

トンネルを掘削した土を地下から担当個体が後ろ足で地上に蹴り上げて搬出してできた「ボルケーノ」。巣穴の目印でもある。

天敵のヘビが侵入すると兵隊は戦い、雑用係は数分以内にその区域の全通路を埋め封鎖する。

女王

QUEEN

その群れの繁殖を一身に担うメス

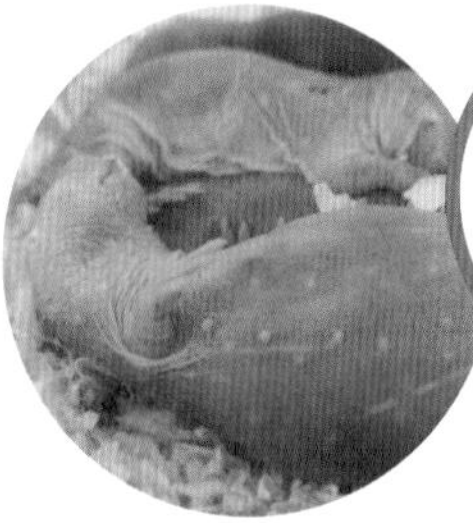

女王は妊娠・出産を行う唯一のメスで、ほとんどの場合コロニー内でいちばん体が大きく強い個体です。その子どもたちは成長すると雑用係や兵隊となり、女王率いるコロニーを盛り立てるべく働きます。

雑用係がふとんと化して温める巣の中心に陣取り、同じく雑用係たちが運んでくる餌を食べて子を産み、授乳。子育てと並行して巣穴をパトロールして回り、雑用係がさぼっていると威嚇します。叱咤&激励というより叱咤&叱咤の厳しい女王の行動には、自分以外の個体の繁殖能力を抑制する意味もあるといわれています。

ハダカデバネズミの妊娠期間はサイズが同程度のネズミと比べると長く、約80日。一度の出産で10～20匹を出産

定価
1,400円+税
X-Knowledge
番線印
発行所
書名
ハダカデバネズミのひみつ
㈱エクスナレッジ・販売部
冊数／
9784767827636
ISBN978-4-7678-2763-6
C0045 ¥1400E

書 名
(株)エクスナレッジ・販売部
9784767827636

します。野生下では食べ物の豊富な雨季に繁殖を行うのに対し、飼育下では最大年4回出産することも。同じく飼育下での女王の在任期間は20年以上に及ぶこともあるのだとか。

とはいえ、その立場は決して甘くはありません。隙あらば自分の子もその地位を脅かす存在となるのです。女王の最期は病死、もしくは新たな女王によりその座を追われて命を落とすことが主な要因になります。

階級の異なる個体間でストレスホルモン値を比較した研究では、女王の受けているストレスが最も高く、次いでライバルとなる第2位メスの値が高かったそうです。また、群れの中で女王の睡眠時間がいちばん少ないという行動観察結果も報告されています。

王

KING

女王に次ぐ地位
過酷ゆえ早死にも

王と呼ばれても
女王以上に微妙な
その一生…

真社会性の権力ピラミッドでは女王に続く王は、コロニーに1〜3匹存在する繁殖に関わるオス。決してその座が安泰ではない女王と同じくストレスも多いのか、最初は丸々としたオスが王になると徐々にやせ衰えていくという観察事例が数多く報告されています。テストステロンというオスに多い性ホルモンの値を測定すると、王になる個体は他のオスに比べて高レベルを記録することがわかっています。王の在位期間は女王よりも短い傾向がありますが、テストステロンは免疫系を抑制するので病気などにかかりやすくなるため、王たちの誇るテストステロンの高さも在位期間の短さと関連しているのではと考えられています。

ちなみに女王には交尾を要求する鳴

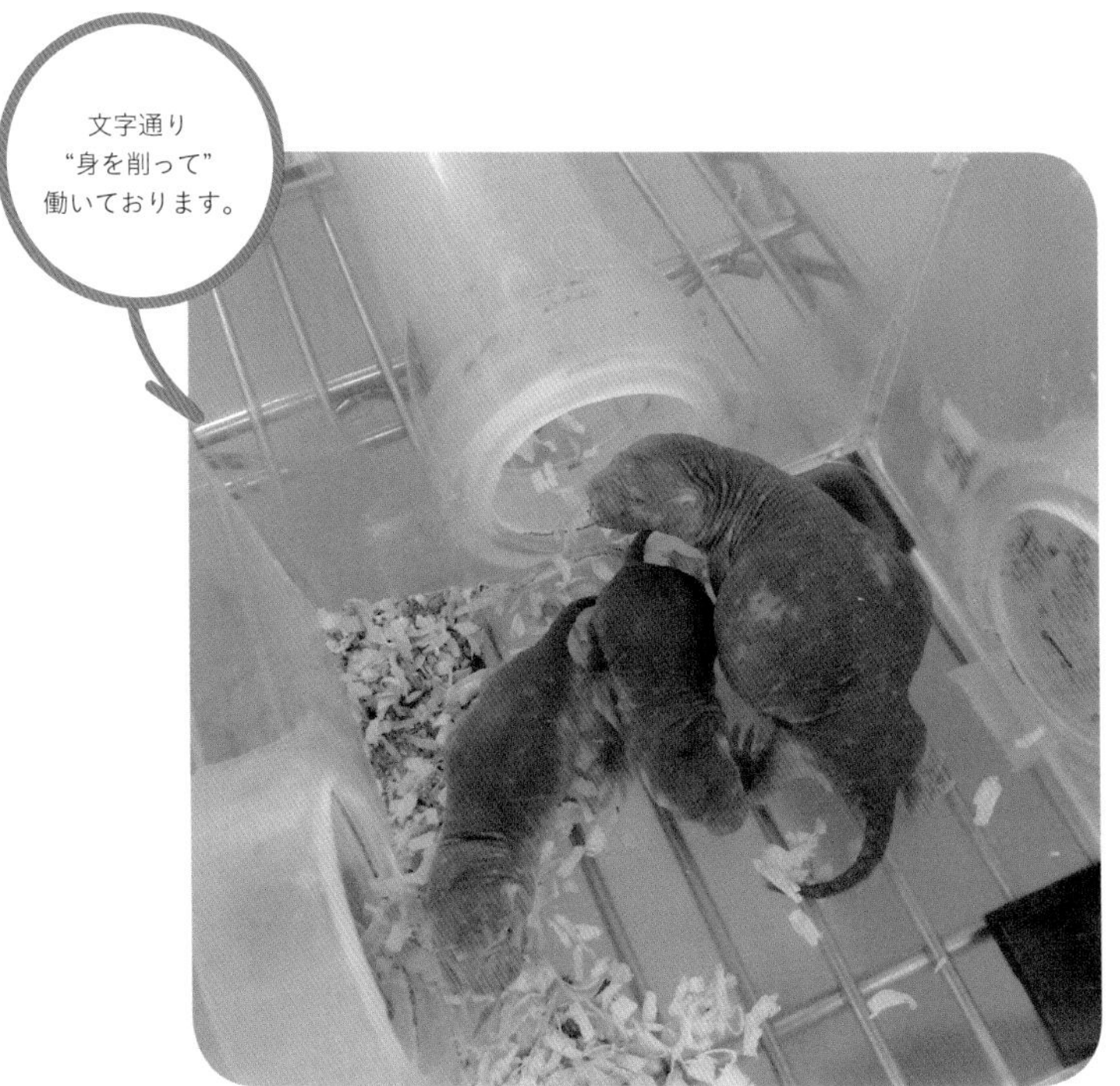

き声があり、王はこれを聞くと女王にマウントし交尾しなければなりません。ハダカデバネズミは哺乳類ながら変温で省力化を果たした種ではありますが、生殖行動はやはりかなりエネルギーを消耗するらしく、王は交尾を重ねるほどにやせ衰えていくのだとか。

王はまた、新女王の座を狙う第2位メスの標的にされることもわかっています。その理由は明らかにはなっていませんが、次期女王候補はまず自身のライバルの妊娠を阻止すべくこうした行動をとるのではないかと考えられています。女王の病死で複数のメスが跡目争いに参加する場合も前女王の王が巻き込まれて死亡する例が確認されるなど、その最期まで生殖をめぐる攻防とは縁の切れない王なのでした。

役割別解説 3

兵隊 SOLDIER

いざというときは捨て身で防衛

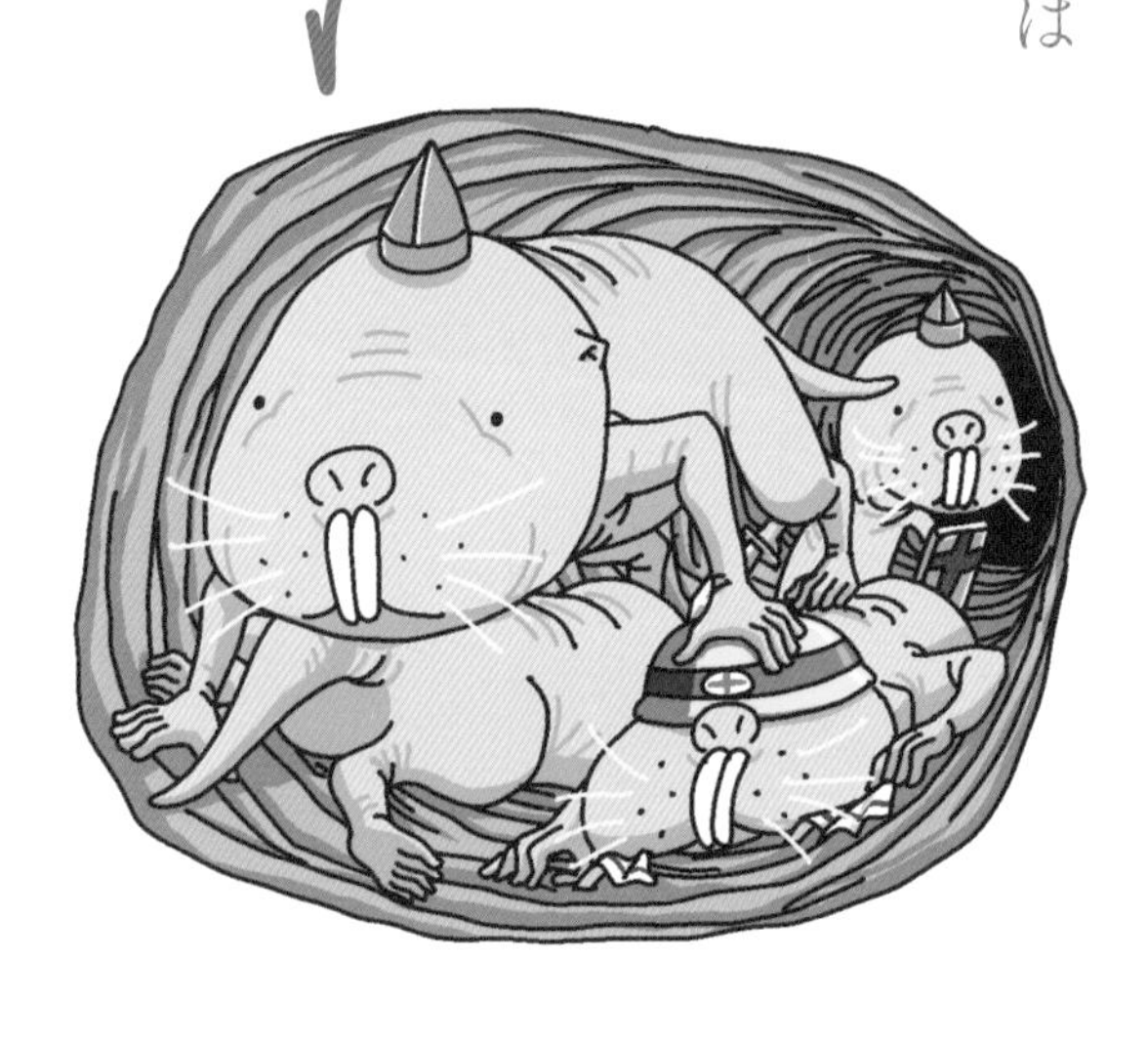

女王と王以外＝コロニー内のほとんどを占めるのが兵隊と雑用係として働くことになる非繁殖個体です。ピラミッドでは兵隊が王の次に来ていますが、これは従事する個体数の少なさに注目した表現になります。

女王の産んだすべての子どもたちはオス・メスともに生後１カ月ほどで離乳し、何か組み込まれたプログラムのようなものに突き動かされるように働きはじめます。内容は雑用係のそれで、役に立っているのか微妙な半人前の時期を経てまず一人前の雑用係に。そのうち、巣内の状況により（役割に空きがあれば？）体格のいい個体のなかから兵隊のような動きを見せる者が現れます。つまり、普段はあまり働かずに巣でごろごろしつつ「いざ」の場面に

向けて「待機」しはじめるのです。

彼らが活躍することになる場面とは、他のコロニーから来た同種の個体や、捕食者となる天敵のヘビがトンネル内への侵入を試みたとき。それらを阻み、巣を防衛するのです。

その戦い方はというと、侵入者が前者であった場合は、出っ歯を駆使して戦ったりトンネルを封鎖したりすることで撃退します。一方、後者のヘビに対しては積極的に立ち向かうことはほとんどありません。その場合はというと、ズバリ「捨て身戦法」。多くの場合、トンネル内に侵入してきたヘビには真っ先に向かってはいくものの、身を挺して、つまり文字通り我が身を犠牲にする＝自らがヘビに捕食されることでコロニーを救うのです。

役割別解説4

雑用係

WORKER

コロニーに滅私奉公
働きまくる多数派

トンネル工事
食料探しと
業務は多岐に…

ハダカデバネズミの真社会性ピラミッドを下支えするのが雑用係。前述のように、巣内の非繁殖個体はオス・メスともに最初はこの雑用係として働きはじめます。

小さいうちは木っ端を口にくわえて運ぶのがやっと、という半人前ぶりですが、徐々に一人前の働きを見せるように。その仕事は食料探し、トンネルの拡張、土や植物の根を取り除くといった清掃など巣内環境のキープ、出産後授乳に勤しむ女王の子育てのサポート、そして世に言う「肉ぶとん」（ふとん係）など実に多岐にわたります。

ハダカデバネズミの特殊な生態を象徴する役割としても有名となったふとん係は、気温が下がった際に人肌ならぬデバ肌ヒーターを駆使して大事な未

これぞデバ名物
「肉ぶとん」
まさに布団圧縮？

来のコロニー構成員＝女王の産んだ子どもたちを乗せて保温するというもの。変温動物ならでは、高いニーズを誇る大切な仕事です。写真でも確認できるように、ふとん係の上の仲間たちの折り重なりっぷりの容赦なさは、笑うのを通り越して「大丈夫？」と心配になる人も少なくありません。しかしこれも後述する彼らの低酸素・高二酸化炭素耐性などをもってすれば問題ないらしいということがわかっています。

兵隊の項で触れたように、兵隊と雑用係の役割分担は、生まれつき決まっているわけではないと見られています。とはいえその役割決定の仕組みに関してはまだわかっていないことも多く、将来的には遺伝的要因の関与も示されるかもしれません。

QUESTION & ANSWER

クイズで
おさらい&腕試し!

ハダカデバネズミの基礎知識

QUESTION

その1

からだの色は年長者のほうが

1 黒い

or

2 白い

どっち？

その①

白い

体の大きさからイメージされる寿命の10倍以上長生き=平均30年弱生きるといわれるハダカデバネズミ。ではこの個体は若いのか年長なのか、その判断材料となるのが「体色」です。背中側が黒っぽく、腹側にかけて徐々に白くなっているのが若い個体。6歳くらいになると背中側も白っぽくなっていくのだとか。歳をとるにつれ、皮膚はさらに白く薄く、見た目はよりシワシワに。女王は「美白だけどシワシワ」と覚えるといいかも？

QUESTION

その②

兵隊になるか雑用係になるかは生まれたときに決まって

❶ いる

or

❷ いない

どっち？

ANSWER ② いない

その大多数が雑用係と兵隊として女王に仕えるコロニーの構成員たち。前述の通り、雑用係の仕事は餌探し、トンネル掘りと整備、子育てのサポートなど多岐にわたり、兵隊は巣を外敵から守ります。そんな両者の役割は、生まれつき決定しているわけではありません。ハダカデバネズミは生後1カ月ほどで離乳しますが、実はそこでいったん全員が雑用係に。その後、体の大きさや巣内の役割分担状況により、一部が兵隊化していくのです。

QUESTION

その③

女王の座を奪う
メスがいるのは

❶巣の中

or

❷巣の外

どっち?

ANSWER

巣の中

コロニーの構成員の多くはそのコロナーに君臨する女王の子どもたち。それなら女王を追い落とす個体はやはり巣の外からやってくるのだろう、と考えるのは人間の浅はかさというものです。いわゆる2番手メスは巣の中、女王自身の子であることがほとんど。女王が常に巣穴をパトロールしているのは構成員のさぼりチェックのみならず、「下剋上」を阻止するべく自らのライバル候補たちを威嚇し、その繁殖能力を抑制しているのです。

QUESTION

その④

逆方向に進む2匹が出くわしたら？

❶ 大きな個体が小さな個体の上を通る

or

❷ 小さな個体が大きな個体の上を通る

どっち？

ANSWER

その

❶

大きな個体が小さな個体の上を通る

自然界において総じて大きい者、強い者はそうでない者に優先されます。というわけで、ハダカデバネズミも大きな個体と小さい個体が出会うと、前者は迷うことなくもう一方の上をがんがん通ります。結果的に雑用係はそのふとんを務める多くの新生児たちのみならず、女王や大きな兵隊にも日々遠慮なく乗られることに。ちなみにふとん係はかなりの個体を乗せた状態でも苦しむどころか熟睡すらできるのだとか。さすが、ですね。

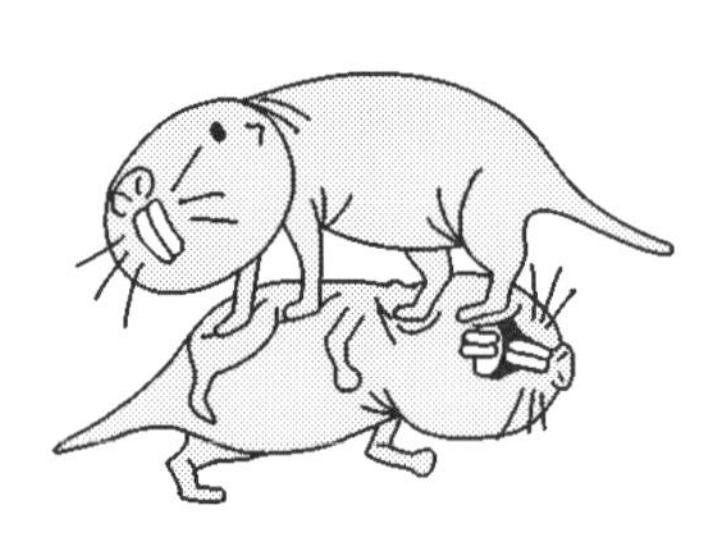

QUESTION

その5

出産のとき子どもはどこから先に出てくる？

1 足から

or

2 頭から

どっち？

その5

ANSWER

足から？

一度に1～2個体を出産する人間、家畜でいうとウシ、ウマなどでは安全な出産には胎児の向きが重要。しかし一度に10～20匹を出産するハダカデバネズミの場合、目撃例では尾位（いわゆる「逆子」）も多そうです。安産&多産で知られるネズミ、イヌやブタなどでも出産時は頭位（頭が先）が多数とのことですが、無酸素状態にも強いとされるハダカデバネズミはもしかするとここでも例外ぶりを発揮しているのかもしれません。

QUESTION

その6

ごろごろしている
だけの個体が

1 いる

or

2 いない

どっち？

その6

ANSWER

いる

あくまでも人間の目からは、ということですが、ごろごろしているだけに見える個体は大きく2種類。一方は、外敵に備えて待機している兵隊たち。もう一方が兵隊と同じように過ごす、これまた太った個体。多くはオスである彼らの役割は何かというと、巣外への旅立ち要員。繁殖を担う女王と王以外のハダカデバネズミにも遺伝子を広めようとするプログラムは備わっています。いわばそれを役割化したのがこの旅立ちデバたちのようです。

QUESTION

その7

飼育下では兵隊の仕事は

1 ある or 2 ない

どっち？

ANSWER

ない

動物園や研究施設などでは巣外からやってくる天敵のヘビや他のコロニーからの同種といったものは当然存在しません。しかしだからといって外敵のない飼育下であることを知る由もない彼らの階級から兵隊がなくなることは当然なし。兵隊は「いざ」の瞬間に備えて待機しています。要は食べてまったり過ごしているわけですが、その体(時に命)を投げうって巣を守るという本来の使命を考えれば立派にその役割を務めているといえます。

PART 3

研究編 I

ハダカデバネズミの研究のあゆみ

PART 3
研究編 I
1

第一紹介者にも誤解された 種としての発見

これまで見てきたように、ハダカデバネズミのオンリーワンぶりはその「外見」だけではありません。特殊な生態を背景とする「中身」もまた多くの研究者たちの心をとらえ、結果的に複数分野の研究において新境地を開くことにつながってきたのです。

謎に満ちたこの動物が発見されてから現在までに、世界で日本で、どのような研究がなされてきたのか、本章ではその概要を紹介していきましょう。

二度「発見」された珍動物

ハダカデバネズミが文献に最初に登場するのは、1842年。ドイツの博物学者で探検家のエドゥアルト・リュッペル*の記述によるものでした。学名「*Heterocephalus glaber*」はこのときから使用されています。その約20年前からアフリカ探検をスタートし、さまざまな標本類を採集しヨーロッパへの紹介の道を拓いていたリュッペルがハダカデバネズミの生息地でもあるエチオピアに博物学者として初めて赴き、調査を行ったのは1830年のこと。ハダカデバネズミは現地では存在は知られて

* ヴィルヘルム・ペーター・エドゥアルト・ジーモン・リュッペル（Wilhelm Peter Eduard Simon Rüppell）1794-1884。1810年代に博物学（自然史）に目覚め、当時初となる地域を含めた現地調査を精力的に行った。功績の大きさはリュッペルの名が分類学上、動物の5つの属、動植物で79の種の名称に残ることからもうかがえる。

いたものの、まだまだ詳細不明の謎の動物でした。

1830年といえばイギリスで王立地理学会が設立した年。現代に通じる地理学がすでにドイツで起こっていましたが、1823年生まれのファーブルが昆虫の研究に没頭して変人扱いされていたくらいですから、アフリカの乾燥地帯の地下でほとんど地上に姿を現すことのない彼らが人知れずの存在であったのも当然のことだったでしょう。

それでも前述のように1842年、風貌のうかがえる博物画とともに論文に掲載されたことで、ハダカデバネズミはヨーロッパにおいて動物学の研究対象としての公式デビューを果たします。

が、当初は紹介したリュッペル自身、もともと「こういう動物」だとはよもや思わず、病気や老衰で毛が抜けた個体か、逆に鳥のヒナのように毛が生えそろう前の若い個体と考えていたようです。

同じく地下生活を送るモグラなど他の種の動物のことを考えると、ハダカデバネズミのハダカっぷりは当時の研究者たちにとってたしかに「前代未聞」、だったのでしょう。

ハダカデバネズミがようやく本来「こういう動物」であるということが認識されるのはリュッペルの死後の1885年。新たな標本が加わり、さらに調査が重ねられてからのことになります。

そしてその生態が明らかになっていったのは、さらに時代を下って2度の世界大戦を経た20世紀も半ば過ぎのことでした。

PART 3
研究編 I

2

真社会性の発見

研究者2人の出会いで実現

リュッペルが亡くなり80年以上が過ぎた1967年、ケニアのナイロビ大学では大学院生のジェニファー・ジャービス(Jennifer U.M.Jarvis)が東アフリカに生息するデバネズミ類の研究を行っていました。そしてハダカデバネズミが大きな規模の群れを作り、協力してトンネルを掘って地下生活をしていることを発見します。

1974年に南アフリカ共和国のケープタウン大学に移った彼女は、そこでハダカデバネズミの飼育研究に取り組み始めます。そして妊娠出産を行うメスは群れに一匹しかいないことに気づいたのでした。

同じ時期、アメリカ西部の大学では、進化生物学者でミシガン州立大学教授のリチャード・アレキサンダー(Richard D.Alexander)が真社会性の進化に関する講義を行っていました。

その中で彼はシロアリの研究から当時はまだ存在が認められていなかった真社会性哺乳類に関する仮説を述べます。

いわく、「真社会性は自らの巣で仔が大人まで成長し、巣の周りで餌をとれる種で進化する」→「哺乳類が真社会性を獲得するとしたら、地下に住むネズミの仲間ではないか」。

そして左記のような条件を挙げたのでした。

・熱帯乾燥地帯の硬い土壌の地下に、捕食者が侵入することができないトンネルを掘って生息している。

・食性は生息地近くでとることのできる植物の根など。

距離を越えて繋がった珍動物の輪

北アリゾナ大学で行われたアレキサンダーの講義の聴衆の中に、ジャービスの研究を知る彼女の知人がいました。その友人は、講師が示した条件にぴったりの動物がいること、その動物を研究しているジャービスのことを伝えました。

アレキサンダーはジャービスと早速コンタクトをとります。そして多くの手紙のやりとりによりジャービスが研究している動物が真社会性哺乳類であるとの手応えを得、彼自身のアフリカ訪問などを経て、1981年についにアメリカの科学誌『サイエンス』に世界初の脊椎動物における「真社会性」の報告がなされたのです。

遠く距離を隔てた2人の研究者の出会いと「真社会性」の発表は、その後のハダカデバネズミ研究の大いなる第一歩でした。ナイロビ大学で学位を取得したジャービスはその後ケープタウン大学の動物学教授となり、アフリカ産デバネズミの人口学と生理学の研究などに従事。他のハダカデバネズミ研究者のサポートにも尽力[*1]しました。

*1 シカゴからの6匹に続いて岡ノ谷研究室にやってきた30匹(→P102参照)はジャービスの研究室で飼育されていたものだった。

PART 3
研究編Ⅰ
3

トンネル網のひみつを解明
巣穴と採餌研究

アフリカの乾燥地帯の地下に掘った入り組んだトンネルで暮らすハダカデバネズミ。そのトンネル網の規模って、結局どのくらいなの？この素朴な疑問は、1980年代前半、ロバート・ブレット(Robert A.Brett)がケニアのツァボ・ウェスト国立公園にて行った、87個体からなるコロニーに対する調査研究によって明らかになっています。

その方法は、捕らえたハダカデバネズミたちに小さな電波発信機を装着して再び放し、追跡調査を行うというもの。結果、驚くことにこの体長約10センチの小さな動物により直径4～7センチのトンネルが1カ月に平均200メートル以上掘られたことをブレットは記録しています。乾燥した状態の土壌は硬いため、掘り進めるのは雨が降った後の土が軟らかいタイミング。自らの出っ歯で土を掘削する大きめの個体の背後には掘った土が積み重なっていきます。

それを運ぶのは、その掘削係の後ろにずらりと控えた運搬係。順繰りにトンネルの中を後退しながら後ろ足でこの土をさらに後ろへと送り、そして最終的に地表の開口部まで運ぶと待っていた大きな個体に渡します。なお、それほどの距離を掘ると出る土の量も相当なもので、総重量350キロ以上！　噴火係[*1]はそれをトンネル上に40前後ある開口部（ボルケーノ）から地上へとせっせと搬出し、地上に火山の形をした土の盛り上がりを作るのです。

デバ流「持続可能な社会」

なお、ハダカデバネズミの掘るトンネルのほとんどは餌探しのためのもので、生活空間として使ったり行き来したりする生活通路はそのほんの一部。それだけ食物確保が難しいということですが、生息地では年2回訪れる乾季を生き抜くため、彼らは見つけた食物の食べ方にも工夫をこらしています。

大きなイモは中央を食べたら空洞部分に土を詰め込み、再生させて再利用したり、株に複数できる小さなイモはすべてを食いつくさない、といったデバ流エコルールをしいているのです。ちなみに自然下では食物の豊富なエリアではコロニーは大きく構成個体の重量も比較的重くなり、別のコロニーとの距離も近くなります。逆に食物に恵まれないエリアではコロニーは小さく構成個体は軽く、お隣はいなかったりします。

ちなみに彼らが同じコロニーの仲間同士であることを確認する重要な方法の一つがトイレのにおい[*2]。とはいえあまりに汚れるのは衛生上ご法度なのでしょう。通常、居室近くのトンネルの突き当たりに作られるトイレは、汚れると埋められて新設されるのだとか。

---

*1
搬出を担当する噴火係は強力な後ろ足の蹴りにより、土をスプレーのように地上に噴出させる。その様子はまさに「噴火」状態。

*2
ハダカデバネズミの糞には共同トイレに排泄されるもの、そして再び摂食されるものの2種類がある。後者は柔らかく栄養に富み、消化に重要な微生物を多く含んでおり、繁殖メスと幼い子どもに消費される。

研究編Ⅰ

4

偉大な女王様の華麗なる暗躍

独自社会の成立

女王が強大な権力を握るハダカデバネズミの世界の内実について、研究者たちはこれまでもさまざまなアプローチをしてきました。私たちは真社会性という独自の社会の共同的側面に注目しがちですが、すべての個体が何の抵抗もなくそのシステムに準じているわけではありません。それどころか逆に、裏では各種攻防が繰り広げられているのです。

寝場所をめぐって押し合うといった比較的穏やかなものから、食物や掘削場所への優先権へと、小競り合いは隙あらばエスカレートします。ミシガン大学のレイモンド（Michelle Rymond）とコーネル大学のシェフェリン（John Schieffelin）は、コロニー内の力関係を数量化し、女王と王（繁殖個体）>非繁殖個体、雑用係は性別に関係なく大型>小型という強力な支配階級制度が存在することを発見しました。また、深刻な対立が勃発するとき、その多くは女王が扇動しているのだとも。

権力ピラミッドに安定なし

女王はコロニー内でもっとも活動的、かつ攻撃的な個体で、頻繁に巣内を巡回して回っては見かけた個体を突ついたり押したりします。コーネル大学のシャーマン(Paul W.Sherman)とハーバード大学のリーブは、どんな相手をどのように威嚇するのか、女王が押す対象と頻度を数量化。怠惰な個体、大型個体、血縁の薄い個体、配偶者の場合において、小形個体や血縁の薄い個体の場合よりも高くなることに気づきました。

女王の荒々しさが増すのは、食物や巣材など新しい資源が利用可能になったとき。これはコロニー内の個体を働かせるべく攻撃性を増すことを示します。実際、彼女に押されるとその対象はしばし服従のポーズ[*1]を取り、その後極めて活発になって仕事に精を出すのです。また、女王の攻撃性は、生殖に関する地位の維持においても有効となります。

そもそもハダカデバネズミの女王は生来のものではありません。長寿で長くコロニーに君臨しても、末路は「死病or下剋上」。女王が病気にかかったり死亡したりすると、1匹ないし数匹のメスの体重が突然増え始めます。そして繁殖の機会を待っていた個体間で押し合う争いが起こり、時にはエスカレートして流血の惨事に。戦闘となると、ライバルが死ぬか瀕死の重傷を負うか、抵抗しようなどと今後ゆめゆめ思わぬよう存分に痛めつけられるまで決着はつきません。

なお非繁殖から繁殖個体になると、行動だけでなく体も変化します。いちばんの特徴は、女王となった個体は著しく長くなるということ。これは椎骨が伸長することによるもの[*2]で、体の幅が広がることにより、妊娠中や子育て期もトンネルを通り抜けられなくなることはありません。

---

*1
この「服従のポーズ」と「肉ぶとん」という言葉にノックアウトされたハダカデバネズミファンは多い。

*2
南アフリカ共和国のウイッツウォータズランド大学のバフェンスタイン(Rochelle Buffenstein)が発見。

PART 3
研究編Ⅰ

音声でコミュニケーション 伝達手段の発見

コロニーの統合と共同作業のための情報・意思の伝達＝コミュニケーションは不可欠です。といってもトンネルの中は視覚によるコミュニケーションには暗すぎ。環境に適応したハダカデバネズミたちの視覚も当然それを可能とするものではありません[*1]。

ではにおいを使ったコミュニケーションはというと、遠くまで届けるとなると時間がかかる、屋外のようにはいかない狭いトンネル内では混ざり合って混乱を来しそう。結果、届くかどうか微妙ということに。触覚は、離れた仲間とのやり取りが不可能です。

そこで、音声を使ったコミュニケーションです。ハダカデバネズミは仲間とやりとりして社会を維持するため、こうしてさまざまな音声を駆使するようになったのです[*2]。

日本での最初の研究も音声に注目

見つけた食物をできるだけ多く居室に持ち帰るためには、仲間とコミュニケーションを取り合う必要があります。では、その方法は？

それを探るべく、米国コーネル大学のティモシー・ジャッド（Timothy

---

*1 視覚は光を感じる程度（↓P36参照）。

*2 単独や小さい群れで暮らしているデバの近縁種が持っているのは、より少ない数の音声のみ。コミュニケーションを必要とする場面が限られているためと考えられる。

Judd)らは餌場への通路が複数ある場合、一匹が食料を持ち帰った後、他の個体はどのように餌場を目指すのか。ある実験を行いました。

まず観察していると、他の個体たちは最初の一匹と同じ経路で餌場に到達します。しかし次に経路を掃除してみると状況は一転、彼らは目指す場所にたどり着けなくなってしまうのです*3。

興味深いのは、最初に食物を見つけた個体がある音声をしきりに発しながら居室に戻る姿が確認されたことです。これは餌を見つけたアピールの音声なのではと考えられています*4。

また、鳴き声の中には、職業階級(カースト)に特有の鳴き声も何種類か存在します。日本で最初にこの謎多き動物の飼育研究を思い立った千葉大学助教授(当時)の岡ノ谷一夫は、ハダカデバネズミにとって主要なコミュニケーション手段である音声に注目。真社会性をとる彼らの脳と行動=カーストによる鳴き声の違いと脳構造の対応を調べることで、社会が特化していくとどのような生物学的な変化が現れるかに迫れるのでは、という意図のもと「脳と音声コミュニケーション」をテーマに研究室のメンバーとさまざまな研究に取り組みました。とはいえハダカデバネズミは声を発するときにまったく口や体を動かさないため複数で鳴き交わしているときに誰の声なのか外見からは判断できない、といった苦労や障害も少なくなかった様子。難条件をアイデアでクリアするメンバーの試行錯誤は外野からはとても興味深かったのでした。

---

*3
子どもの頃、餌を運ぶアリの通り道に石を置いたり、土を掃いたりしてどうなるか、実験したことがある人もいるのでは? それと同じような方法で、ハダカデバネズミたちも最初の個体のにおいを頼りに餌場へと向かっていたと考えられる。

*4
ジャッドらは個体により声の特徴はそれぞれ異なり、仲間内の個体特定はそれで行うのではないかと仮説を立てた。

PART 3
研究編Ⅰ

状況の伝達、階級も音声で
鳴き声の意味

「ピュウピュウ」「ピヨピヨ」「プヒプヒ」――ハダカデバネズミの群れからは、か細いながらも常ににぎやかな声が聞こえます*1。出っ歯の奥に位置する唇はネズミより人間に近い形状で、人間以外の動物はあまり用いない「ぱぴぷぺぽ」に似た破裂音も使えるのです。

米国ミシガン大学とコーネル大学で、ペッパー(John W.Pepper)と彼の同僚は、ハダカデバネズミの異なる発声を17種類記録しました。

また、音の特徴と音声が聞かれる状況を調べた結果、それぞれの鳴き声が生活の中で特定の状況に対応することを発見。それらは固有の「意味」を持つ可能性を示していました。一部をご紹介しましょう。

鳴き声と行動・状況の関係

・弱チュー鳴き*2(ソフトチャープ)……「ピュウ」トンネルで仲間に出会ったときなどに発する挨拶の声。

・強チュー鳴き(ラウドチャープ)……「ピュウピュウ」仲間同士の小競り合いで発する騒がしい声。

・低音チュー鳴き(ローピッチチャープ)……「キュイ」突然の物音など

*1 飼育室に入ると、ひっきりなしに小さな鳴き声が聞こえてくるのだとか。また、動物園の展示スペースでも耳を澄ますと声が聞こえることがあるので、お試しあれ。

*2 最近の研究によれば、弱チュー鳴きは、コロニーごとに特徴があり、なんらかの方法で女王から学習されるらしい。コロニー弁のようなもので、よその鳴き声を出す個体はコロニーから排斥されるのかも知れない。詳細はまだわからないが、本当だとすると、鳴き声の特徴を学習する齧歯類はデバがはじめてだ。

に警戒して発する。
・グラント……「ブヒッ」外敵に出会うなど驚いたとき。
・Vトリル……「ピュイピュイ」女王や王の交尾、排尿の際に発する。
・ヒス……「ハァハァ」女王が他個体を威嚇するときに発する。接触と攻撃の際に発する吐息のような声。外敵に対しても発する。

右記のほかにも、ペッパーは生後間もない時期や空腹時、苦しいときに出す呼び声、特別警報、徴兵と防衛の際の音声などを挙げています。なお、ネズミと名の付く種[*3]で17種類もの音声[*4]を駆使してコミュニケーションをとる動物はハダカデバネズミのほかにはいません。その発声のレパートリーは齧歯類の中で最大規模、哺乳類全体からみてもかなり多く、これも彼らの特筆すべき特徴の一つです[*5]。ネズミは人間には聞こえないくらいの超音波を発する種も少なくありませんが、ハダカデバネズミの音声はすべて人間の耳に十分聞こえる高さ。これは高い音は遠くまで届きにくいという、地中トンネルならではの伝達環境が関係していると考えられます。また、集団生活を支えるのが音声でのコミュニケーションということでさぞ「耳がいい」のでは、と考えがちですが、ヘフナー(Hefner)らの研究によると音が聞こえる範囲(可聴域)は65ヘルツ〜13キロヘルツ程度[*6]。ラットはもちろん人間と比べても見劣りもとい聞き劣りのする結果となっています[*7]。

*3
動物としての関係はネズミよりもヤマアラシやカピバラ、モルモットなどに近い(↓P24参照)。

*4
名前にネズミは付かないが、南米に住む齧歯目のデグーも、17種類ほどの音声を使ってコミュニケーションしているらしい。

*5
バリエーションの多さは霊長類の何種かと競い合うほど。

*6
人間の可聴域は20ヘルツ〜20キロヘルツ。ラットの可聴域は60キロヘルツ以上に至る。

*7
とはいえP89の岡ノ谷らの最近の論文によれば、聞こえる範囲は狭いが、コミュニケーションに重要な音声はしっかり聞こえるようになっていることがわかった。

PART 3
研究編 I

7

長寿のひみつ

老化耐性とがん化耐性の発見

「真社会性」という脊椎動物では極めて珍しい高度な社会生活を営むことから、まず各国の生態学者たちの注目を集めたハダカデバネズミ。その後さらに老化予防やがん予防などの観点からも特異な性質が認められ、生理学や医療関係研究者からの注目度も非常に高くなってきました。この10年足らずの間の生理学的・医学的分野での注目すべき発見は生態や行動にまつわる研究あってこそですが、それもハダカデバネズミの特殊さがそれだけ際立っていたということでしょう。基礎研究から応用研究へと発展していった研究対象の稀有な例といえます。

ここではそんなハダカデバネズミとおなじみのヒアルロン酸の関係が興味深いがん化耐性に関する研究をご紹介しましょう。

ヒアルロン酸ががんをブロック

米国ロチェスター大学のヴェラ・ゴルブノヴァ（Vera Gorbunova）とアンドレイ・セルアノヴ（Andrei Seluanov）は、ハダカデバネズミの腋窩と肺から採取した細胞を研究中、ある化学物質が細胞の周辺に非常に密集していることを発見しました[*1]。それは、すべての動物に見られる化学物質、

*1 2013年6月19日付英国科学誌『ネイチャー』に掲載。

ヒアルロン酸(ヒアルロナン)。

ヒアルロン酸は細胞の結合が主な役割ですが、力学的な強さを与えるのみならず、細胞の数が増える際の制御にも関係しています。

そもそも細胞の無秩序な増加が見られるがん化の過程では、ヒアルロン酸は悪性腫瘍の発達に関係しているとされていました[*2]。しかしゴルブノヴァはヒアルロン酸の量や密度といったさまざまな側面が細胞の増殖を調整している可能性があると考えました。重合体であるヒアルロン酸は、一つの鎖に含まれるヒアルロン酸分子の数が大きくなるほど密度が高くなります。このヒアルロン酸の分子量が大きいと細胞は増殖を抑制され、逆に小さいと細胞は増殖を要請されるというのです。

ゴルブノヴァはハダカデバネズミのヒアルロン酸は分子量が他の動物よりも大きく、マウスや人間の5倍もあることを発見しました。

そこでヒアルロン酸を分解する酵素の量を増やし、ハダカデバネズミの細胞のヒアルロン酸の分子量を減少させてみたところ、それはすぐにがん化したマウスの細胞と同じように、大きながんの塊へと増殖を始めるのが観察されたというのです。彼はまた別の実験[*3]でもヒアルロン酸の操作によりハダカデバネズミの細胞のがん化を実現しました。

ヒアルロン酸の密度を高めることで皮膚の弾力性を増し、地下トンネルで暮らす適性を高めたと考えられるハダカデバネズミ。これが図らずもがんを防ぐことにつながった可能性を研究チームは考えています。

---

*2
例えば胸水でのヒアルロン酸の検出は胸膜中皮腫を示唆するように、悪性胸膜中皮腫の腫瘍マーカーと考えられている。

*3
ヒアルロン酸生成を促す遺伝子を破壊しヒアルロン酸を減少させた上でがんを抑えるのではなく発生させるウイルスを注射すると、ハダカデバネズミの細胞はがん化した。

分子メカニズムを明らかに iPS細胞の作製

近年、老化やがん化の耐性が注目されるハダカデバネズミ。そもそも老化やがん化の要因となるのは、生命情報を担うDNAの損傷です。これにより細胞死や突然変異を誘発し、ひいては老化、がん化を引き起こすのです。

一説にはハダカデバネズミが持っている生活環境が厳しい時に代謝を低下させる能力が酸化によるDNA損傷を防いでいるといわれています。そのほか、がん化耐性については遺伝子的な研究も精力的に行われてきました。

2016年5月には北海道大学遺伝子病制御研究所講師（当時）の三浦恭子、慶應義塾大学医学部生理学教室教授の岡野栄之らの研究グループがハダカデバネズミの細胞から世界で初めてiPS細胞を作製することに成功したこと*1が発表され、大きな話題を呼びました。

さまざまな細胞へと分化する多様性を持つことから、細胞移植治療への応用が大いに期待されているiPS細胞。京都大学の山中伸弥教授らが世界に先駆け開発し、2012年にノーベル生理学・医学賞を受賞したこともありその言葉を知らない人はいないでしょう。

---

*1 2016年5月10日付英国科学誌『ネイチャー・コミュニケーションズ』オンライン版で公開された。

しかしｉＰＳ細胞には細胞移植治療の障害の一つとなる腫瘍形成能といった問題があります。マウスやヒトのｉＰＳ細胞は、未分化な細胞が混入すると腫瘍（奇形腫）を形成してしまうのです。

デバのｉＰＳ細胞「ここがスゴイ！」

それに対して、ハダカデバネズミのｉＰＳ細胞は未分化な状態で移植しても腫瘍を形成しませんでした。ハダカデバネズミｉＰＳ細胞に特有の腫瘍化耐性メカニズムを応用することで、より安全なヒトｉＰＳ細胞の作製につながる可能性があります。

また、マウスやヒトなどの哺乳類の細胞では初期化やがん化のストレスを受けると防御機構としてＡＲＦ[*2]が活性化されます。一方、ハダカデバネズミでは、ＡＲＦの活性化だけでなく、ＡＲＦが抑制されてしまう状況でも〝あるメカニズム〟が機能し、二重の防御機構で初期化やがん化を抑制する[*3]ことがわかりました。

同研究グループはハダカデバネズミに特有のがん化耐性の一つであるこの〝あるメカニズム〟を「ASIS: ARF suppression-induced senescence（ＡＲＦ抑制時細胞老化）」と命名。ＡＳＩＳの詳細なメカニズムの研究により、ハダカデバネズミの体のがん化耐性の仕組みがさらに解明され、将来は人間にも応用できる新たながん化抑制方法の開発、健康長寿やがんの予防につながることが期待されています。

---

*2 ARF(p19)とINK4a(p16)はともに代表的ながん抑制遺伝子。これらの遺伝子の破綻はがんの初期発生に重要。ともに同一の遺伝子座に存在し、全く異なるアミノ酸配列の2つのタンパク質が作られる。ARFはがん抑制遺伝子p53、INK4aはがん抑制遺伝子のRbをそれぞれ制御する。

*3 生きているうちに約半分程度にがんが発生するマウスに対し、ハダカデバネズミの個体ではがんが確認されたことはほぼない。

まだまだある「ここがスゴイ!」新発見は続く

2017年4月、米国イリノイ大学シカゴ校のトーマス・パーク(↓P104参照)らの研究チームにより、ハダカデバネズミの新たな能力が明らかになったことが発表されました[*1]。彼らはまったくの無酸素状態でも最長18分生存できるというのです。

その能力を確認する実験は、マウスとハダカデバネズミを酸素濃度が5%と0%の状態においてその様子を観察するというものでした。結果、いずれの条件下でもマウスは間もなく死亡し、それに対してハダカデバネズミは酸素濃度5%では5時間、0%でも18分間耐えたのです[*2]。

無酸素環境下で見せる驚異の能力

ハダカデバネズミの体内での注目すべき現象は酸素欠乏状態で確認されました。この条件下で実験個体の心拍数は大きく低下して1分間に50回程度[*3]となり、体内では果物などに含まれる糖の一種、フルクトース(果糖)が増えていることが確認できたのです。

ここから、ハダカデバネズミは酸素欠乏状態になると好気呼吸(酸素を使う呼吸)を止め、そのエネルギー源であるグルコース(ブドウ糖)の

---

*1 2017年4月21日付の『サイエンス』電子版にて。

*2 酸素の無い環境で18分も耐えた実験個体は、その後大きな身体ダメージなども残さなかった。

*3 通常の心拍数は200回程度。

代わりにフルクトースを使って脳や心臓といった生存に関わる組織にエネルギーを供給(代謝)し始めるということ、つまり通常の酸素呼吸とは別の極めて珍しいメカニズムを発動してエネルギーを生み出すらしいということが導き出されました。これはつまり、ハダカデバネズミは無酸素状態では一種の仮死状態に入って生命を保つことのできる、現在わかっているなかでは唯一の哺乳類ということでもあります。

注目すべきは、フルクトースを分解・代謝する経路そのものは、人間を含むあらゆる哺乳類に存在するということ。加えて「代謝は比較的可塑性があるもの」であるということから、人間の細胞への応用も可能性としては考えられるのだとか。とはいえ、ハダカデバネズミの代謝システムにおいて使用されるフルクトースは無酸素状態で作り出されるのかどこかに蓄えてあるのかなど、まだ解明できていない点は山積み。しかし研究チームが「心臓病などで無酸素状態になった際に起こる損傷を防ぐ治療につながる可能性がある」「心臓発作や脳卒中の危険がある患者において、心臓や脳でこれらの酵素を働かせたり、少量のフルクトースを与えたりする方法を突きとめられるかもしれない」と述べるように、その研究の行方は大いに期待されています。

「ワーカホリック」の誤作動?

近年はまた、飼育下のハダカデバネズミにおけるある「例外」行動も世界で初めて確認されています（論文「真社会性ハダカデバネズミにおける労働行動の妨害」）*3。

「真社会性」の特徴の一つに、同じ群れを構成する個体が協調し、複数の選択肢から一つを選ぶ「選択集団的意思決定（collective decision making）」に基づいた行動をとるということがあります。しかし前述の分析の結果、他個体の労働を妨害している個体が存在することがわかったのです。ちなみに妨害を行う個体のその具体的な行動は何かというと、妨害する個体の背後から近づき、その尻尾をくわえて後方に引きずる（tail tugging）というものでした。

足ならぬこの尻尾を引っ張る行為は、集団意思決定により常に仲間と一致団結して行動するはずの彼らが、時にその決定に反する行動をとることを示しています。しかし集団のためにならないこうした妨害行動は、進化生物学的に説明することが難しい現象です。

集団労働を乱す非効率的、いわば無駄な妨害行動はなぜ行われるのか？ それに対する答えは明らかになっていません。が、妨害行動は本種が持つ極端に利他的な行動傾向の副産物として他個体を妨害するほどの労働を行ってしまうのかもしれないとも考えられるのです。

彼らが進化させてきた個体がコロニーのために働く極端な利他性は、多くの場面でコロニー全体の利益を上昇させるために役立つはずなのですが……この点を明らかにするためにはさらなる研究が必要なようです。

---

*3 2019年1月17日付の理化学研究所、国立大学法人総合研究大学院大学（総研大）プレスリリースより。この「労働行動の妨害」行動は2012年に発表された集団労働に関する研究での個体の行動を詳細に分析したことで確認された。

PART 4

研究編 II

ハダカデバネズミを研究する人々

PART 4
研究編Ⅱ
1

黎明期の苦労譚

日本初の研究用飼育のあゆみ

本章ではまず、日本におけるハダカデバネズミ飼育の始まりとその先駆者の苦労の一端を紹介。その後、現在研究飼育に携わっている研究関係者の方々にお話をうかがっていきましょう。

そもそも日本で初めてハダカデバネズミの飼育がスタートしたのは、1998年7月。そのきっかけは埼玉県こども動物自然公園[*1]の飼育員だった日橋一昭氏が1987年に米国シンシナティ動物園の昆虫館でハダカデバネズミを目にしたこと。不思議な生き物に魅了された氏はその後同じく米国のサンディエゴ動物園に譲渡を依頼、同園からの譲渡は頓挫[*2]したものの、その後ニューヨークの野生生物保全協会（ブロンクス動物園）から10匹を迎えることができたのでした。

当時千葉大学文学部助教授（認知情報科学）だった岡ノ谷一夫氏らがその日橋氏から助言を得ながらハダカデバネズミの研究用飼育を始めたのは、1999年10月のこと。実はその約10年前の1990年、京都で開かれたシンポジウムで姿を見たハダカデバネズミに猛烈に惹かれるようになっていた岡ノ谷氏。1998年に十数年来の知己でイリノイ州立大学シカゴ校准教授（生物学）だったトーマス・パーク氏[*3]に再会した

*1
↓P128参照。

*2
ちなみにサンディエゴ動物園からの譲渡がかなわなかったのは、予定されていた群れの全滅。日橋氏は飼育の難しい種なのかと不安を感じつつ、飼育をスタートしたのだとか。

*3
↓P104参照。

ところ、なんと氏が触覚の研究のために同種を飼育していることがわかり、積年の思いがようやく叶うことになったのです。

研究用飼育のハードな幕開け

千葉大学における当時の飼育環境はもともと写真現像用の暗室として使用されていたスペースで、メイン飼育室となる3畳ほどの暗室は、電気ストーブと加湿器で温度30度、湿度55%[*4]が維持されるよう調整。ここに縦・横・高さがそれぞれ20センチほどのアクリルの箱3つ（寝室、トイレ、居間となる）をアクリル製のトンネルでつないだケージが設置されました。明かりは薄暗い赤外線電球を2つ、世話のときだけ小さい白熱電球を灯し、必要に応じてペンライトを使用することに。研究室のメンバーは温度・湿度の管理を行うため、一日2回はこの日本の真夏日と同程度の高温多湿状態の飼育室に出入りすることになりましたが、その際の装備も獣医師ら専門家に意見を仰ぎ、万全を期しました[*5]。

ちなみに当初迎えた飼育個体6匹の内訳は、女王を含むメス3にオス3[*6]。シカゴでは長くこの体制で過ごしてきた安定したコロニーとのことでしたが、来日し環境が激変したためか翌日から血みどろの争いが勃発、ひと月も経たずして女王1、ワーカー1、繁殖1の極小所帯に。岡ノ谷研究室の研究飼育チームは謎多きハダカデバネズミの洗礼を受けたのでした。

---

*4
死亡したり皮膚病に罹らないよう温度28〜32度、湿度50〜60%以内をキープする必要があった。

*5
遺伝的に近縁となるハダカデバネズミの群れは雑菌に感染すると全滅しやすいということで、まず控えの間で着ていた白衣を脱ぎ、高温で滅菌処理した白衣に着替えてマスク、帽子、殺菌した手袋を装着、スリッパを履き替える、を徹底した。

*6
当時ハダカデバネズミの性判定は難しく、この内訳はあくまでも「そのはず」というものだった。

PART 4
研究編 II
2

飼育繁殖にまつわる試行錯誤
軌道に乗るまで

来日から約ひと月で飼育個体が6→3匹となり途方に暮れていた岡ノ谷研究室。そこに朗報が入ります。ハダカデバネズミ研究のパイオニアでもあるアフリカのジェニファー・ジャービス氏*1からの使用していた大コロニーを譲りましょうとの申し入れでした。

そして木箱に入れられた30匹が南アフリカ共和国からマレーシア経由、二泊三日の旅を経て成田に到着。研究飼育チームは早速それらをいくつかのコロニーに分割し、新たな女王を何匹か創出しました。これらがその後、日本のハダカデバネズミ研究を支えていくことになります。

とはいえ再び災難が。飼育が軌道に乗りだして間もなく、ハダカデバネズミたちが謎の奇病によりばたばたと死亡しだしたのです。研究室のメンバーは彼らの感染症に対する虚弱さを身をもって知ることになり……。

とにもかくにも専門家のアドバイスをもとに飼育室とケージをすべて漂白剤で消毒、ジャービス氏からの提案で皮膚を保護するゲンチアンバイオレットという薬剤を塗布したりといった対応をし、30→15匹と半減したところで感染は収束。その後、この中から出産する女王が現れて半年ほどでまた30匹前後を飼育できるようになったのでした。

---

*1 ↓P82参照。

飼育法とともに研究も充実

このように千葉大学の小さな暗室からスタートした岡ノ谷研究室のハダカデバネズミ飼育はその後もいくたびか危機やアクシデントに見舞われながらも繁殖も重ね、そのコロニー、個体数とともに活躍場所を拡げていきました。

その後、2004年の岡ノ谷研究室の移動にともないハダカデバネズミ飼育施設は理化学研究所にも建築され、上野動物園や埼玉県こども動物自然公園と数匹を交換し新たな血縁をつないだりしつつ、安定した飼育繁殖を可能としていきます。難しかった雌雄判別も性染色体の比較検査により容易となり、2008年には約100匹体制に。ハダカデバネズミを対象とした生物言語研究も着々と進められたのでした。と、ここまでの飼育繁殖、研究内容にまつわる興味深いあれこれについては、著作『ハダカデバネズミ――女王・兵隊・ふとん係』[*2]に詳しいのでそちらをご参照ください。

さてその後、岡ノ谷研究室のハダカデバネズミ研究は2010年中に一段落、ハダカデバネズミたちは三浦恭子氏の研究と新たなあゆみを始めることになります。その様子はP110で紹介する「くまだいデバ研」サイト等で見ることができます。リアルタイムでデバ動向を追いたい人、この謎多き動物を対象とした研究を志す人は是非チェックを。

---

*2
『ハダカデバネズミ――女王・兵隊・ふとん係』(吉田重人・岡ノ谷一夫著／岩波科学ライブラリー／2008年)

PART 4
研究編II

3

デバ研究の先達

日本のデバ研究開始のキーパーソン

前述のように日本でのハダカデバネズミの研究飼育は1999年にスタートしました。その実現を強力に後押ししたのが、海外においてすでにハダカデバネズミを研究対象としていた研究者たち。なかでもこの人なくしてはという重要な一人が、『ハダカデバネズミ――女王・兵隊・ふとん係』に著者である岡ノ谷一夫氏の「もう十数年来の知り合いであるトム・パーク」として登場するイリノイ州立大学シカゴ校教授のトーマス・パーク氏[*1]。岡ノ谷研究室に初めての研究飼育用個体を譲り、その後もハダカデバネズミの聴覚をそれまでに行われていた電気ショックを使った実験でのデータではなく、「音を聞いたときに脳で生じる神経活動を頭皮の上から脳波としてモニターし、そこからデバたちがどのくらいの範囲の音をどのくらいの音圧レベルで聴くことができるのか(聴力)」を調べたいと考えた岡ノ谷研究室に聴覚データ収集で協力するなど、日本のハダカデバネズミ研究に大きく貢献してきました。

自身の研究では2017年にハダカデバネズミが無酸素状態で18分間耐えたという実験結果と哺乳類で初めて確認されたその特殊な代謝システムを発表(→P96参照)、世間を驚かせました。

---

*1 同書では「トムは私が大学院時代を過ごしたメリーランド大学心理学研究科の同僚」で、「そもそもコウモリの聴覚の専門家なのだが、へんな動物には目のない男で、持ち前の人なつっこさで関係者にアプローチしてアフリカからハダカデバネズミを輸入し、ハダカデバネズミの聴覚の研究を始めたばかりだった」と紹介されている。

写真はトーマス・パーク氏の研究室のハダカデバネズミたち。

THOMAS PARK
トーマス・パークさん
(イリノイ州立大学教授)

コウモリとハダカデバネズミを主な研究対象として「感覚システムの神経生物学」という分野で長年研究に取り組んできたパーク教授。ここではハダカデバネズミを選んだ理由や周囲の反応、研究対象としての可能性まで、現在に至るハダカデバネズミとの歩みを中心にお聞きしていきます。

―まず、ハダカデバネズミという動物のどのような点にひかれたかをはじめ、研究対象とされた理由についてお聞かせください。

▼私はハダカデバネズミの研究に従事する前は、コウモリの聴覚を研究していました。コウモリは非常に高い周波数の音を使って獲物を探します。彼らは「高周波スペシャリスト」と呼ばれています。

一方、地面の下に住む動物は、高周波の音が角を曲がったり土の中を通ったりしないため、高周波の音を使用できません。私たちは地下の哺乳類を「低周波スペシャリスト」と

トーマス・パーク教授とその研究室のハダカデバネズミ。教授の専門は神経生物学。コウモリとハダカデバネズミを対象に感覚情報処理の研究に長年携わってきた。

SPECIAL INTERVIEW #01

呼びます。

地下の哺乳類の研究に興味を持ったのは、低周波専門家にとって音を処理する脳の部分が異なるかどうかを知りたかったからです。低周波スペシャリストのなかから特にハダカデバネズミを研究対象に選んだのは、大学のクラスの学生が真社会性の哺乳類について学ぶことができるという意図もありました。

クラスプロジェクトでは、生徒は次のような多くの興味深い実験を計画しました。視覚に頼らない動物が迷路をどれだけうまく学習できるか。異なるコロニーの個体同士は仲間になったり敵になったりするのか？　環境内の新しい事物や事象に彼らはどのように反応するのか？——

研究当初の印象について

—最初にハダカデバネズミを対象に聴覚感度の研究に取り組まれた際の印象はどのようなものでしたか？

v ハダカデバネズミを使って仕事を始めた当時に読んだ科学誌の記事では、ハダカデバネズミの聴力は低いと述べられていました。ハダカデバネズミは絶えずお互いに発声することでコミュニケーションをとり、そのための多くの異なる音声を持っている動物なので、私はその記事を書いた研究者は間違っているに違いないと思いました。お互いの発声を上手に聞くことができるのは当然だと。

しかし、それは本当であることが判明しました。ハダカデバネズミは、他の動物と比較すると、聴覚はとても低いのです。しかし、私たちが発見したのは、彼らの発声が非常に大きく、お互いにうまくそれを聞くことができるということです。

—ハダカデバネズミの研究を始めた際、同僚や学生の方たちからはどのような反応がありましたか。

v 同僚には研究時間を珍しい種を扱うことに費やすべきではないと考える人もいました

し、一方で、極端な環境で生き残るために適応し、特化した種を扱うことに価値を見出した人もいました。学部生たちは、最初はハダカデバネズミを醜いと思ったようです。しかし、彼らと実際に接するようになると、すぐにハダカデバネズミはかわいくて面白い動物だと思うようになりました。

研究対象の選び方

—これまで科学者として研究対象にした動物についてお聞かせください。なぜそれらの動物を選んだのでしょう？ そしてご自身はそれらについてどう思われましたか。

v 動物のすべての種は、独自の特定の環境で生き残り、繁栄するように進化してきました。たとえば、コウモリは完全な暗闇の中で飛んでいる昆虫を捕まえます。昆虫を見つけるために、彼らは高周波音（パルス）を発し、昆虫から跳ね返る反響音（エコー）を受信します。このために、コウモリは非常に優れた聴覚を発達させました。優れた科学者は、この種の進化的適応を利用します。聴覚を研究したい場合は、聴力が最も良い動物を研究する必要があるのです。

ハダカデバネズミも同じです。彼らは生息地であるアフリカの巣穴で極端な低酸素環境で暮らしています。実際、人間をはじめ他のほとんどの哺乳類は、ハダカデバネズミの住環境と同様の低酸素状態では死亡してしまうでしょう。そこで、ハダカデバネズミがそうした低酸素環境で生き残るためにどのように進化したかを調べます。

私は若い頃から動物や動物の行動に魅了されてきました。彼らが人生の多くの側面について教えてくれるものが大好きです。私は動物に非常に敬意を払っており、研究室の動物には幸せになってほしいと思っています。

—ハダカデバネズミの研究を通じて得られたものについてお聞かせください。

v ハダカデバネズミは地下生活と極めて密

SPECIAL INTERVIEW #01

集した真社会性のコロニーでの生活を組み合わせている、非常に珍しい動物です。彼らの混雑した換気されていない巣穴では、酸素が枯渇し、二酸化炭素が蓄積します。私の実験室でそれらをテストしたとき、ハダカデバネズミが同じようなサイズの実験用マウスには致命的だった低酸素への曝露から完全に回復することがわかりました。

ハダカデバネズミを無酸素状態の環境に置いたとき、彼らは一時停止されたアニメーションのような状態に入りました。彼らの心拍数と脳の活動は体に残っている酸素を節約するためにかなり遅くなりました。彼らはまた、グルコースの好気呼吸からフルクトースの嫌気呼吸に切り替えました。これは、他の動物がこれまでに使用したことがないトリックです。これらの特殊な生理的機能のため、ハダカデバネズミは酸素なしで少なくとも18分間生存できます。

なお高濃度の二酸化炭素状況下でハダカデバネズミをテストしたところ、二酸化炭素から生じる酸化の影響を受けないことがわかりました。これらの適応力は、人間の心臓発作や脳卒中の間に引き起こされる、体内の低酸素状態、高二酸化炭素状態がもたらす損傷などを回避するための新たな目標とすることができると考えられます。

―今後、実験動物としてのハダカデバネズミに何を期待されますか?

v ハダカデバネズミは生物医学研究の標準的な動物モデルになると思います。ハダカデバネズミで確認できるのは、自然と進化がいくつかの非常に深刻な健康問題を解決したということです。低酸素と高二酸化炭素状態への耐性、がん化耐性、そしてラットやマウスの10倍近い長寿命――。毎年、ハダカデバネズミを扱う研究室が増えています。

PART 4
研究編II

4

現在日本唯一の飼育研究機関「くまだいデバ研」

熊本大学大学院生命科学研究部老化・健康長寿学講座ハダカデバネズミ研究室＝通称「くまだいデバ研」*1は、現在、日本で唯一のハダカデバネズミを飼育する研究室です。

研究テーマはハダカデバネズミの老化耐性（健康長寿）、がん化耐性、真社会性、発生工学技術の開発などなど実に多岐にわたり、分子生物学・細胞生物学・生理学・行動学・発生工学・データサイエンスほか、幅広く学ぶことが可能となっています。

この「くまだいデバ研」を率いるのが、熊本大学大学院准教授の三浦恭子氏*2。学生時代からiPS細胞の研究に携わってきた三浦氏は、2011年、日本でハダカデバネズミの研究飼育に初めて着手した岡ノ谷研究室からそのすべてのコロニーを引き継ぎ、ハダカデバネズミの特殊な老化耐性、がん耐性の性質、社会性の分子基盤などにまつわる研究を本格的に立ち上げたのでした。

人類の健康長寿の鍵はデバが握る？

2006年に誕生したiPS細胞は、2012年の山中伸弥氏のノ

*1
くまだいデバ研ホームページ
https://debalab.org/
Twitterデバ日誌@くまだいデバ研　https://twitter.com/deba_labo

*2
1980年生まれ。熊本大学老化・健康長寿学講座准教授。2010年京都大学大学院医学研究科博士課程修了、医学博士（山中伸弥・岡野栄之両教授に師事）。慶應義塾大学医学部生理学特別研究助教、北海道大学遺伝子病制御研究所講師、准教授を経て、2017年より現職。

ーベル生理学・医学賞受賞により一般に広く知られるようになりましたが、再生医療のほか、病気の原因解明、新薬開発などへの活用が大いに期待される新しい多能性幹細胞です。

ハダカデバネズミの特殊な生態から生み出されたまさに人類を救う？可能性に三浦氏はいち早く注目、医療的観点からこの動物にアプローチしてきました。その研究成果は前章でご紹介した通りです。２０１６年にハダカデバネズミから作製されたiPS細胞にはヒトやマウスからのものに見られた問題が認められなかった[*3]ことなどから、今後の研究の行方には国内外から熱い視線が注がれています。

さて、そんな三浦氏が２０１１年に岡ノ谷研究室から譲り受けたコロニーは現在どうなっているのでしょう。多くの研究者や関係者たちが試行錯誤を重ねて会得したその飼育方法は大切に引き継がれ、さらなる改善を加えられてきました。その結果、２０２０年の現在に至るまで、研究に協力しながら東京→北海道→熊本へと三浦氏とともに移動したハダカデバネズミたちの数はいまや６００匹！　熊本に移ってからその数は倍増したのだとか。その存在に惹かれた研究者から研究者へと受け継がれてきたハダカデバネズミというひみつの宝庫の新たな扉が今後どのように開かれていくのか、ますます目が離せません。

次ページからは三浦氏を筆頭に、現在デバ研究に関わる「くまだいデバ研」メンバーの方々にお話をうかがっていきます。

---

*3
マウスやヒトのiPS細胞には未分化な細胞が混入すると腫瘍（奇形腫）を形成するという問題がある。これに対してハダカデバネズミのiPS細胞は未分化な状態で移植しても腫瘍を形成しなかった。

くまだいデバ研
KYOKO MIURA
三浦恭子さん
（熊本大学大学院准教授）

今後、どのような研究をしていきたいのか、またしていくべきなのか――。若手研究者にとっての大きな分岐点のひとつが、博士課程卒業時。2008年、今後の道を模索していた博士課程半ばを迎えた一人の大学院生が、次世代シークエンス技術の急速な発展を見込み、ゲノム配列がいまだ不明かつ他の種にはない特徴を有する面白動物の研究を思い立ちます。日本におけるハダカデバネズミを対象とした研究は、これを機にまた大きく前進することとなったのです。

「キミに、きめた！」

―まずはじめに、三浦先生がハダカデバネズミを知った時期、実際にご覧になった際の第一印象をお聞かせいただけますでしょうか。

▼最初は、京都大学の山中伸弥先生の元でiPS細胞研究を行っていた2008年頃だと思います。博士課程の半ばから「未開拓な動物の性質を分子生物学的に研究したい」と考えるようになり、夜な夜な図鑑やネットでその対象を探していたのですが、強く惹かれたのがハダカデバネズミでした。アリやハチのような分業制の集団生活、最大寿命32年という長寿、がん化耐性――といった特徴に魅せられ、デバの分子生物学的研究体制を立ち上げようと決意したのです。ただネットで画像検索して出てくるデバの見た目が微妙で、それにちょっと不安を覚えたりもしていました。東京出張の折に上野動物園にデバを見に行き、意外と小さくて動きがコミカルで可愛かったので、ほっとしたのを覚えています。

―そこからハダカデバネズミの飼育研究を始められるまでの流れというのは――？

▼当時、日本の研究機関で唯一デバを所有し音声研究に取り組まれていたのが理化学研究所BSIの岡ノ谷一夫先生でした。そこでお訪ねしたところ、2011年から東京大学に異動されるのを機にデバ研究は一段落と

SPECIAL INTERVIEW #02

のことで、当時30匹いたデバをすべてお譲りいただけることになったのです。その後、慶應義塾大学医学部の岡野栄之先生にお声がけいただき、デバは慶應義塾大学に引っ越しできることになりました。その過程で上野動物園、埼玉県こども動物自然公園の皆様からも多大なご協力をいただきました。2010年には飼育室や実験室の設計・設立、デバの引越し手続きなど事務作業に忙殺されましたが、2011年度初めに研究室の立ち上げが完了、同年秋にはついにゲノム配列が解読されました。

以降も三浦先生はハダカデバネズミの老化耐性・がん化耐性・真社会性に関する研究を着実に進め、2016年にはついに「ハダカデバネズミ」からiPS細胞を作製することに世界で初めて成功します(↓P94参照)。

そして2017年11月から、熊本大学大学院生命科学研究部老化・健康長寿学分野／大学院先導機構准教授に着任、「くまだいデバ研」を立ち上げられたのでした。

飼育に取り組んでわかったこと

―飼育研究スタート後、驚かれた生態や行動、それまでのイメージが変わった点などありましたらお聞かせください。

▼穴掘り行動をしているときは、口がありえないくらい縦に大きく開き、全身を使いながら、ゴリゴリと音を立てて歯で壁を削るので、エイリアンのようだと思いました。

デバはいろいろな行動があり、とにかく見ていて飽きないです。つぶらな目を閉じてリラックスして寝ながらキリキリと歯ぎしりしている姿は萌えます。他の研究室の研究者も時々、癒されに(?)眺めに来ることもありますね。コロニーの中では、意外とメンバー間の小競り合い(他のメンバーの仕事の妨害とか、餌の取り合いとか)が多いのですが、全体としては平和なので面白いです。

―医学研究ではマウスやラット、モルモットといったネズミが多用される印象が強いのですが、ハダカデバネズミを飼育繁殖される上で参考にされたことは何かございますか。

▼同じ齧歯類とはいえ、飼育・繁殖の方法については、マウスとかなり異なります。それまでマウスしか飼ったことがなく、ちょっと変わったマウスを飼うぐらいの心構えでいましたが、大変甘すぎる心づもりでした。岡ノ谷先生とラボの皆様が丁寧に飼育方法を伝授してくださったおかげで、何とか立ち上げられました。また、これまでの研究で、外からの感染が生じないようにマウスを飼育・管理する方法を習ってきていたので、それは現在のデバの飼育にも役立てられています。

あらためて飼育繁殖について

―デバの飼育繁殖は寿命の長さもあり、まだまだわからないこと、ご苦労も多いかと思いますが、飼育繁殖に取り組まれてきた約10年の間にわかってきた性質や生態、また試みや工夫についてお聞かせください。

▼長生きでがん化耐性ですが、結構繊細で環境変化やストレスに弱いので、飼育管理には気を使います。いろいろ細かい工夫をして、ようやく安定して繁殖するようになりました。とはいえ、まだまだわかっていないことが多いので、日頃の観察結果から、皆で議論しつつ改変を続けています。

―国内外の関連施設、研究者の方との交流、また協力されていることは？　また、注目されている研究などはありますか。

▼国内外のデバの研究者や国内の動物園と、研究や飼育繁殖の方法について随時情報交換しています。デバの長寿・老化耐性・がん化耐性・社会性、どれをとっても非常に興味深いです。最近では、トーマス・パーク教授（→P106参照）らが明らかにした18分無

SPECIAL INTERVIEW #02

酸素状態においてもデバは死なないというデータ(➡P96参照)は衝撃的でした。

―デバについて個人的に気になっている点がありましたら教えてください。

v 結構な頻度で後ろ向きに走るのですが、全力でどれくらいの速度が出せるのかが気になりますね。感覚毛の本数に個体差はあるのかないのか、といったことも気になっています。

―個人的に特に思い入れがあるという個体などはいますか？

v 今うちのラボで最高齢のデバ(エリザベス)ですね。岡ノ谷先生のラボでデバをいただいたときから、慶應、北大、熊大と、一緒に全国行脚してきました。生まれてすぐに齧られたのか、右足(?)の先が無くなってしまったのですが、ハンディキャップをものともせず女王になりあがったデバです。そのガッツを見習いたいと思います。もう18歳(2002年6月6日生まれ)ですが、デバとしては中年で、まだまだ元気です。

―最後に、読者の方にメッセージを。

v ハダカデバネズミは比較的研究の歴史が浅く、まだ研究者人口も限られている、新しい分野です。老化耐性・がん化耐性・低酸素耐性・特異な社会性などのオモロイ現象のメカニズムは現在のところまだ多くが不明で、まさに研究の種の宝庫です。デバを研究することで、老化そのものや、がん、糖尿病、アルツハイマー病などの様々な老化関連疾患について、今までに無い予防法・治療法が見つかる可能性があります。

また、デバの社会のあり方を理解することで、私たちの社会をよりよくするヒントが見つかるかもしれません。私たちと一緒にデバの謎にチャレンジしたい修士・博士課程の学生さん、募集中です！

くまだいデバ研

MIKA KOBE
河辺美加さん
（熊本大学技術員）

くまだいデバ研のメンバーとして2018年4月からハダカデバネズミの飼育を担当されている河辺さん。聞けば、担当をはじめて2年の間になんと個体数は倍＋α増！給餌に要する時間も倍になったのだとか。多くのデバたちを相手に奮闘される日々についてお話をうかがいました。

デバの瞳に魅せられて

―まず、ハダカデバネズミを最初に知った時期、第一印象についてお願いします。

v 実物を初めて見たのは10年ほど前の上野動物園でした。存在自体は、それより前に何かで珍獣として紹介されていたのを見て知っていました。目があまり見えていないのに意外と活動的なので驚いたというのが第一印象です。珍獣と呼ばれているわりにはそれほど気持ち悪くはなく、つぶらな瞳がすごく可愛いと感じました。

―研究飼育に参加することになったきっかけは――？

v もともと熊本大学の他の研究室で技術員をしていて、しばらくして同じ建物内に三浦先生の研究室が入って来られました。

その後、元の研究室の先生が退職され、研究室がなくなることになり、新たな職場を探していたところにちょうど「ハダカデバネズミの飼育員の募集をする」と聞いたので、すぐに応募しました。三浦先生も顔見知りでしたし、ハダカデバネズミと触れ合いたかったのと、動物の世話にも興味があったので、2018年4月から三浦研究室の一員になりました。

―次に、飼育作業を行う上で特に気をつけていること、また、苦労したこと、工夫されたことなどについて教えていただけますか。

v 飼育方法は確立されていて、それをあま

SPECIAL INTERVIEW #03

り変えては動物もストレスを感じると思うので、なるべく変化を与えないように心がけています。ケージの組み方や固定するテープ、床敷を変えたりといったマイナーチェンジはしていますが、それらはデバにとってというより世話をする私にとって都合がよい工夫です。変わったといえば、最初は250匹だったのが今は600匹を超えるまでに増えたので、餌を切る量や餌やりの時間も倍になりました。デバ室は暑いし作業するのに体力を使うので、たぶん最初より私の体力もついたんじゃないかと思っています。

―この試みは思いのほか成功した、というようなことは？

v 女王がいないコロニーの王と、王がいないコロニーの女王をお見合いさせたら相性がよかったのかすぐに妊娠、出産を繰り返して大所帯のコロニーに成長したので、お見合いさせてよかったなと思いました。お見合いの動画を撮っていたので、求愛の鳴き声やなかなか見られない交尾行動の映像を残せてよか

くまだいデバ研 デバ飼育内容

給餌のある日（月・水・金）
ケージ交換、床敷交換
野菜切り、餌やり
給餌のない日（火・木）
デバ個体管理（刺青、コロニー表更新）、デバ室の掃除、ケージ洗い、実験用の特殊餌作り、実験手伝い、試薬管理などを適宜行う。
給餌内容
時間：月、水、金曜の午前中
餌の内訳：サツマイモ、ニンジン、リンゴ、バナナ、オートミールなど
分量：1匹当たり約10g/1日

ったです。

遺伝子を伝える役目の過酷さに驚く

―飼育に取り組まれる前と後でハダカデバネズミに対するイメージが変わったり、新たに発見したといったことがありましたらお聞かせください。

▼妊娠、出産、子育ての様子を毎日見ているとデバも大変だなと感じます。

ネズミの仲間ですが、ポンポン生まれるわけではなく、妊娠期間も3カ月くらいと長いですし、特に出産前の1～2週間はお腹がパンパンで移動するのも大変そうなのに何度も見回りしたり、産後は寝ているときも餌を食べているときも赤子に乳を吸われている姿を見て、本当に偉いなと感心しています。

1カ月ほど授乳期間があり、その後もチョロチョロ元気に動き回る赤子をネストに集めたり働き通しているうちに1カ月経って一息つけるかと思ったらまた妊娠して……の繰

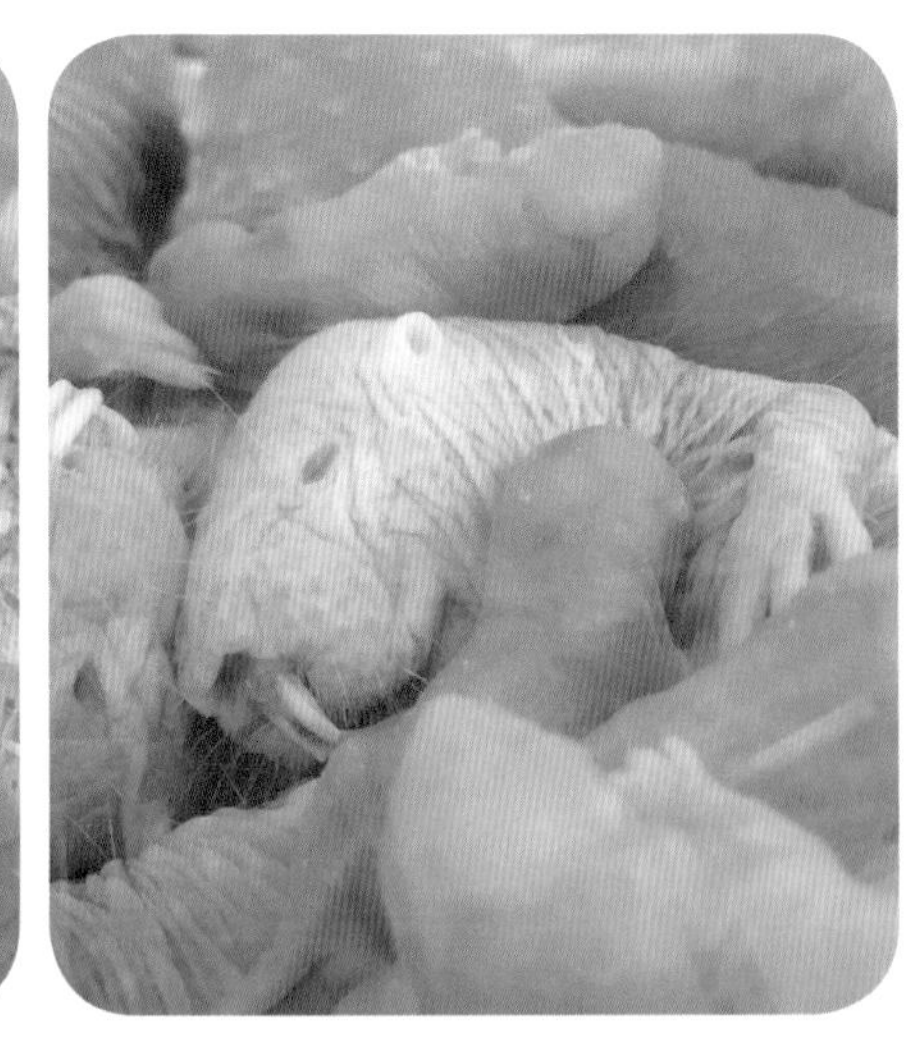

SPECIAL INTERVIEW #03

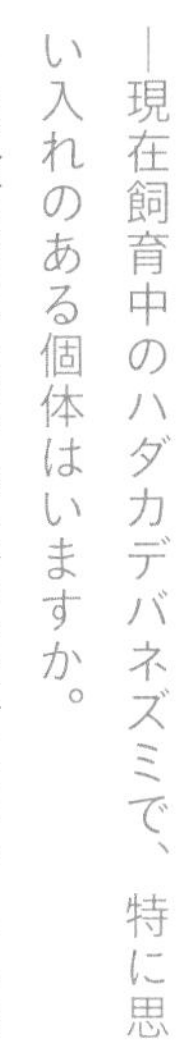

り返しで過酷だなと思います。

ー現在飼育中のハダカデバネズミで、特に思い入れのある個体はいますか。

V 実験動物なので特定の個体に思い入れはしないようにしています。ただ、負傷したり、鼻水が出る等体調不良の個体がいたら、隔離して回復させるので、そのときは、体調に変化がないか特別気にして見ています。

実は、1匹だけおとなしくて、なでると目をつぶるお気に入りのデバがいます。ケージ交換などでその子を持つときは、ついなでなでしてしまいます。

見分けは刺青で判断しているので、パッと見ただけではわかりませんが、体型にかなり特徴のある数匹はわかります。ポイントは指がない、皮膚感、背中の色、などです。例えば最年長のエリー（エリザベス）は体が大きくて色が薄めで後ろ足の指先がないことでわかります。

目の当たりにしてわかったこと

ー飼育に取り組まれてきて驚かれたこと、印象的なエピソードなどはございますか？

V 初めて出産を目の前で見たとき、子供が後ろ足から出てきて、逆子！　とびっくりしました。このときはずっと足から出てきましたが、その後いろんな女王の出産を見て足からも頭からも出ることがあったのでどちらも普通にあることなんだと思います。

ー今後ハダカデバネズミにまつわることでチャレンジしてみたいことは？

V 私が勤め始めてから一度も出産していないコロニーが一つだけあるので、なんとかして妊娠しないか試してみたいのですが、今度ケージ交換の際に王と女王の2匹だけの時間を少しとってみたいと先生に相談しようかと思っていました。

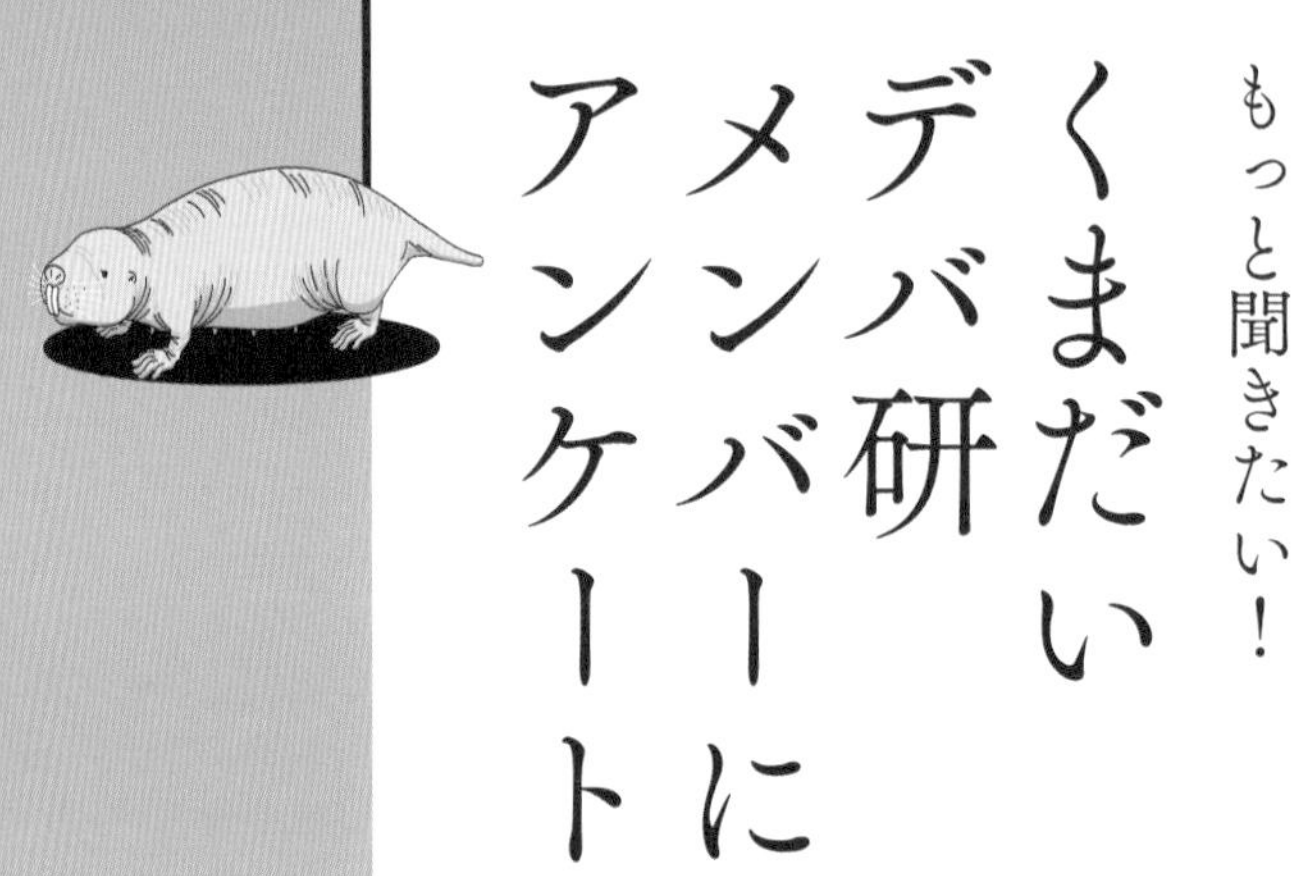

くまだいデバ研メンバーにアンケート

もっと聞きたい！

謎につつまれたハダカデバネズミに惹かれ、そのひみつを探るべく現在も研究に取り組まれているくまだいデバ研のメンバーの方々。ハダカデバネズミとの出会いからあらためて知ったその魅力までを教えていただきました。

YOSHIMI KAWAMURA
河村佳見さん（熊本大学大学院助教）

1 研究に参加したきっかけ

▼2010年頃、私と三浦さんは同じ研究室で異なる研究グループに属していましたが、三浦さんのハダカデバネズミ(デバ)研究が面白そうだったので2013年から参加しました。

2 ハダカデバネズミという動物の存在を最初に知った時期と第一印象

▼小学生くらいの頃に見た動物番組でデバを扱っていたのですが、その不気味な姿と繁殖もせず布団係をする個体もいるという事実に、なんだこの呪われし生き物はと衝撃を受けました。

3 研究に参加してハダカデバネズミに対する印象が変わった点、あらためて驚いたことなど

▼テレビやネットで見ると大きいイメージでしたが、実際見ると小さく、行動も多彩で見ていて飽きません。あの大きな歯を持っているのにバナナやオートミールなどの柔らかい食べ物を好むのが面白いと感じました。

4 ハダカデバネズミの性質、生態、行動で個人的に注目している点

▼デバは子供の頃は背中が黒いですが、歳を取ると白くなります。実際、色素細胞がいなくなっているようですが、どのようなメカニズムか気になります。また、小さいながらも目がつぶらでぱっちりお目々な個体とずっと閉じているような個体がいるのですが、生まれつきなのか、環境のせいなのか気になります。

5 研究を通して今後チャレンジしてみたいと思ったこと

▼デバの女王は高齢でも出産可能ですが、どのようにその能力を長期間に渡って維持しているのかについて解析したいと考えています。

6 もっと知りたい人にメッセージ

▼女王が赤ちゃんを産んでいたら、その他の働きデバがどのように子供の世話をしているか観察すると面白いかもしれません。2匹の働きデバが赤ちゃんをくわえて引っ張りあいをしていたりと本当に世話できているのか不安になります。

KAORI OKA
岡香織さん（日本学術振興会特別研究員PD）

1 研究に参加したきっかけ

▼5年前（2014年？）、博士課程修了を控え、ポストを探していた際に、JREC-INでこの研究室のポスドク募集があるのを見つけました。テーマが面白そうだと思ったのに加え、同じ大学内で異動できることもありがたかったため、応募することに。

2 ハダカデバネズミという動物の存在を最初に知った時期と第一印象

▼この研究室に来る前は、ハダカデバネズミを意識して認識したことはありませんでした（動物園などで見たことはあるとは思うのだが……）。研究室見学でハダカデバネズミをきちんと見て、「案外きもちわるくはないな」と感じたのが第一印象。

3 研究に参加してハダカデバネズミに対する印象が変わった点、あらためて驚いたことなど

▼のんびりしたような顔と図体に反して、意外と動きは素早い。大きな歯を持っている割に、そうそう噛みついたりはしてこない（ただし噛みつかれるとネズミの比ではなく痛い）。集団で眠るとき、下の方でつぶされているハダカデバネズミたちは苦しくないのかなといまだにちょっと不思議。印象的だったのは一度だけだが女王の簒奪が起きたこと。若いメスが女王を殺してしまい、女王争いは命懸けであることに驚きました。

4 ハダカデバネズミの性質、生態、行動で個人的に注目している点

▼なぜすごく長生きなのか。野生ではどんなふうに暮らしているのか。

5 研究を通して今後チャレンジしてみたいと思ったこと

▼生き物の〝違い〟を生み出すメカニズムを明らかにしたいです。

6 もっと知りたい人にメッセージ

▼ぱっちりお目目の個体やら、しょぼしょぼした風体の個体やら、意外と個性がある動物です。動物園などで〝推しデバ〟を見つけるのも楽しいのではないでしょうか。また、餌を食べるタイミングに出くわしたら、大きな歯でちまちま餌をかじりとる様子は可愛いのでおすすめです。

YUKI OIWA
大岩祐基さん（博士研究員）

1 研究に参加したきっかけ

▼確か2015年頃、三浦先生の学会発表を聞いてハダカデバネズミを知りました。

2 ハダカデバネズミという動物の存在を最初に知った時期と第一印象

▼ハダカデバネズミを知ったのが、三浦先生の学会でした。その後、調べれば調べるほど未知の部分が広がっていることを知り、非常に興味深く是非研究してみたいと感じました。

3 研究に参加してハダカデバネズミに対する印象が変わった点、あらためて驚いたことなど

▼実際に研究を進めてみると予想外のことが多く、毎日飽きることがありません。研究が進むにつれて、当初予想していたよりも思った以上に人類はまだまだハダカデバネズミを知らないのだなと感じさせられます。

4 ハダカデバネズミの性質、生態、行動で個人的に注目している点

▼長寿だったりがん化耐性を持っている、というところがやはり一番気になります。

5 研究を通して今後チャレンジしてみたいと思ったこと

▼長寿、がん化耐性はまだまだ未解明の部分が多いです。これらのメカニズムを解明し、まずはマウス、そしてその先にはヒトで寿命やがんへの抵抗性を増加させるような方法論を確立できたらと思います。

6 もっと知りたい人にメッセージ

▼ハダカデバネズミを飼育していると、彼らが〝声〟を何種類も使い分けていることに気がつきます。機会があればそれを是非聞いてみてほしいです。また、ハダカデバネズミのコロニーでは、掃除や食料運びをする個体がいる一方で、掃除した場所を汚したり、せっかく運んだ食料を全然違う場所に運んでしまう個体もいます。ですがしばらく見ていると、そのうちにちゃんと巣はきれいになっているし、食料は決まった場所に運ばれています。この過程は、一見不毛に思えても、仕事を続けているとちゃんと成功する、ということを想起させて、とても面白いです。

SHUSUKE FUJIOKA
藤岡周助さん（北海道大学医学部医学研究科博士課程4年）

1
研究に参加したきっかけ

▼２０１５年頃、高分子ヒアルロン酸ががん耐性機構に寄与する論文を読み、がん耐性機構を解明する研究を始めたいと思いました。

2
ハダカデバネズミという動物の存在を最初に知った時期と第一印象

▼２０１５年にその論文を読み、がん研究に活用できると思いました。第一印象は、見た目がおもろいなと思いました。

3
研究に参加してハダカデバネズミに対する印象が変わった点、あらためて驚いたことなど

▼実験マウスと比べると、全く違う生物だと感じました。驚いた生態については寝るときに仰向けで寝たりするところです。

4
ハダカデバネズミの性質、生態、行動で個人的に注目している点

▼なぜ長生きかと、どうやって空間を認知しているかというところです。

5
研究を通して今後チャレンジしてみたいと思ったこと

▼ハダカデバネズミがどのようにがん耐性を持つようになったのかは、さまざまな因子が関わっていると思うのでそこを解き明かしたいと思います。

6
もっと知りたい人にメッセージ

▼非常に器用に手を使いこなしていることと、マウスと比べると寝方が面白いところです。

YUKI YAMAMURA
山村祐紀さん（熊本大学大学院医学教育部博士課程1年）

1 研究に参加したきっかけ

▼博士課程進学にあたり（2019年度）、修士課程までの研究テーマを変えて参加しました。現在流行っているテーマというよりも、これから注目が集まりそうなテーマに取り組みたかったのでハダカデバネズミ研究がぴったりだと思いました。

2 ハダカデバネズミという動物の存在を最初に知った時期と第一印象

▼ハダカデバネズミを知ったのは研究参加を決めた時期とほぼ同時期で、博士課程で行う研究テーマを探す過程で知りました。第一印象としては、いくつも際立った生物学的特徴を持ちながら、具体的な分子メカニズムは未解明な点が多く研究対象として好材料だと思いました。

3 研究に参加してハダカデバネズミに対する印象が変わった点、あらためて驚いたことなど

▼ハダカデバネズミが紹介されるとき、がん化耐性や長寿、低酸素環境への適応といった人間から見て羨ましいと思える特徴に注目が集まりますが、他のモデル動物に比べ繁殖が難しく成長が遅かったりとデメリットといえる点もあるようです。一般的な生物が当たり前のように持っている環境への適応能力を捨てて、特異な性質を獲得したのかもしれないという印象に変わりました。

4 ハダカデバネズミの性質、生態、行動で個人的に注目している点

▼同じくらいの大きさのマウスに比べ10倍以上長生きするそうなので、種間での寿命の違いがどのようにして生まれるのか気になります。

5 研究を通して今後チャレンジしてみたいと思ったこと

▼デバの際立った特徴をマウスなどの他の動物に持ち込むことができれば、より注目が集まると思うので、細かい分子機構を調べ（がん化耐性や老化耐性の観点で）デバ化したマウスを作製できたらと思います。

6 もっと知りたい人にメッセージ

▼私も実際見たのはまだ一度だけなのですが、哺乳類としては珍しい真社会性動物なので、集団の中での分業が行われている様子を見てみたいです。

……く、くるしい……
!
……よいしょ……
PHEW..

ハダカ
デバネズミに
会える！

日本の施設

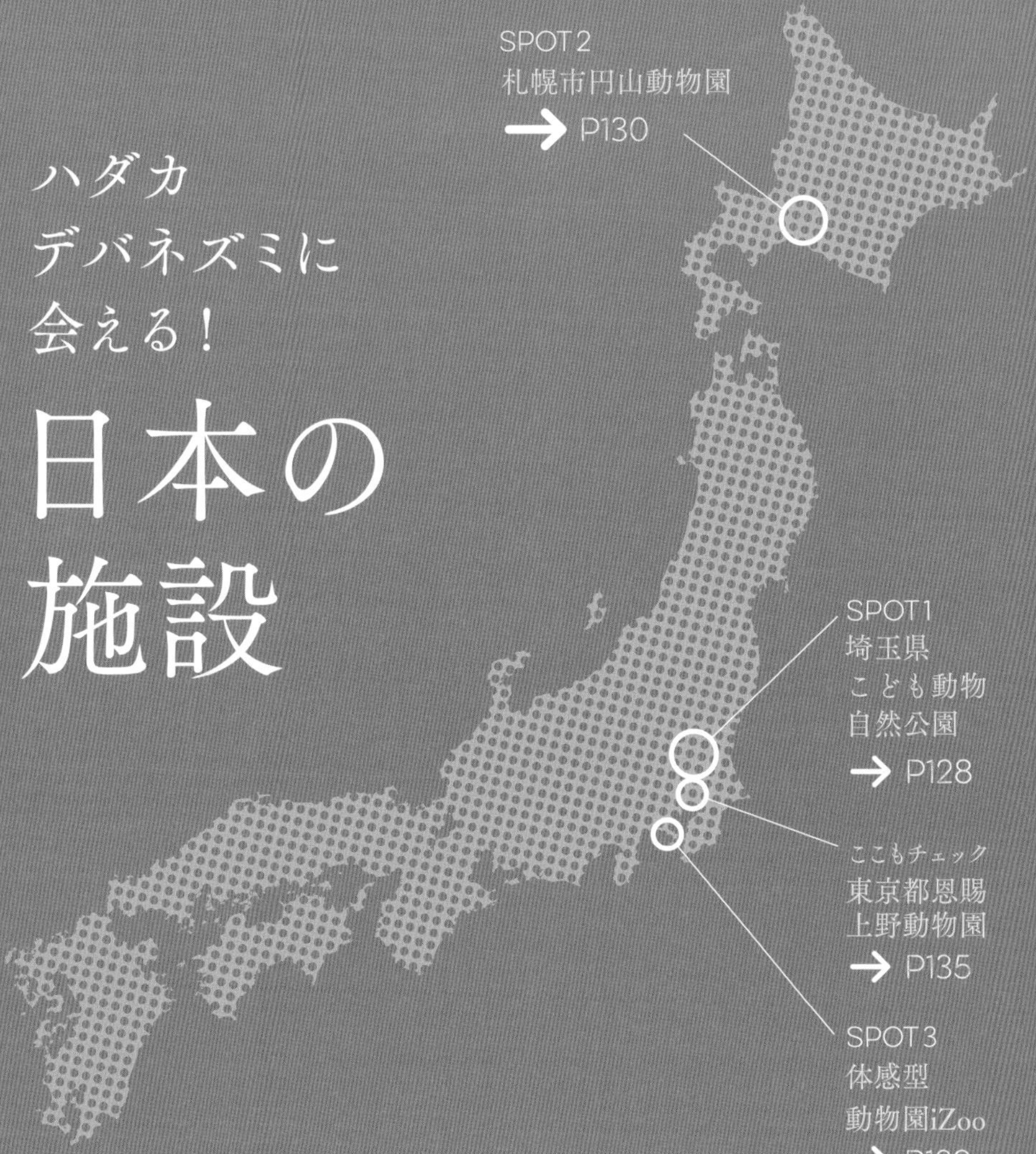

SPOT 2
札幌市円山動物園
→ P130

SPOT 1
埼玉県
こども動物
自然公園
→ P128

ここもチェック
東京都恩賜
上野動物園
→ P135

SPOT 3
体感型
動物園iZoo
→ P132

ここではハダカデバネズミたちの集団生活の様子を
垣間見ることのできる日本の4施設をご紹介。
実際の彼らを間近に観察してみると、
その大きさ、移動スピード、役割ごとの動き、
仲間とのやりとりなどなど、
予想どおりだったり意外だったり、納得したり感心したり。
さまざまな体験が待っていることウケアイです。
機会があれば是非足を運んでみてください。

SPOT 1

埼玉県こども動物自然公園

埼玉県東松山市岩殿554
http://www.parks.or.jp/sczoo/

動きやすい服装で動物たちに会いに♪

1998年夏、ハダカデバネズミ展示を日本で最初にスタート。その珍しい生態を来園者に紹介し続けてきた同園は、名前の通り緑にあふれ、森林浴もできる、とにかく広い動物公園。起伏に富んだ園内には放し飼いのマーラの姿が。動物たちと触れ合える企画も充実しています。開園40周年にあたる2020年は「世界一幸福な動物」とも呼ばれるクオッカが仲間入り。生息地のオーストラリア以外での飼育展示は現在こちらだけなのだとか。そのほか、ボールプールなどがある「こどもの城（国際児童年記念館）」、「ピーターラビット」の生みの親であるイギリスの絵本作家ビアトリクス・ポターの資料館、じゃぶじゃぶ池など大満足の空間です。

飼育関連DATA

○飼育個体数
3コロニー、飼育数24頭。単独飼育3頭

○一日のタイムテーブル
朝9時頃、給餌（一日1回）

○給餌内容
バナナ・リンゴ・小松菜・ジャガイモ・ニンジン・サツマイモ・レンコン・ドッグフード・トウモロコシ（時期による）

STAFF COMMENTS

飼育のあゆみ

「1998年7月10日(ちなみにネズミ年)、ニューヨーク・ブロンクス動物園から10頭(内訳オス4、メス6)が日本に初めて来園、なかよしコーナーの管理棟1階で飼育を開始しました(平面での展示スタイル)。同年に開催された「世界のハムスター展」のメイン動物として日本初公開し、終了後は、なかよしコーナーのフライングケージ(現カワウソ舎)で舎内展示(平面での展示スタイル)。1999年6月24日には、ラクダ・小動物コーナー(現エコハウチュー)に移動。このときは立面での展示スタイル(何度か改装あり)でした。2018年5月21日から工事のため展示を中止。同じ2018年、来日20周年を記念して、ナイトズーの巨大ランタン3体を作成、展示が話題となりました。そして2019年9月13日、エコハウチューで展示が再開。これまでの2次元展示から3次元展示に進化しました」

飼育上、気をつけていること

「気温、湿度の管理です。においや振動に敏感なため、同じ空間に入るときはできるだけ静かにしています」

飼育中の個体について

「特徴的な個体は、定期的に繁殖しているメスの個体(群れの女王)です。体が他の個体よりも大きいのが特徴です」

飼育担当者より

「飼育を担当する前は寝ている印象が強い動物でしたが、担当して物を運んでいる個体、仲間と鳴き合っている個体など個体ごとに一日の行動が異なり、見れば見るほど面白い動物です。展示は地中で穴を掘って生活するハダカデバネズミたちの生活をのぞいているような感覚になれる展示になっています。同じ群れの中でも、動き回っている個体や寝ている個体など、一度にさまざまなハダカデバネズミの姿を観察することができます」

SPOT 2

札幌市 円山動物園

北海道札幌市中央区宮ヶ丘3番地1

http://www.city.sapporo.jp/zoo/

「アフリカゾーン」で待ってます

東京の上野動物園の移動動物園を札幌で開催、それが好評を博したことから1951年に開園した北海道初の動物園。2018年3月にホッキョクグマ館、翌2019年3月にゾウ舎がオープンと、新しい施設が着々と加わっています。動物たちの生態を楽しく学ぶため、原産地の近い動物を気候別にゾーン分けして展示する試みは2012年のアジアゾーンからスタートしました。

ハダカデバネズミは2016年に全面公開された西門そばのアフリカゾーンにあるキリン館（カバ・ライオン館もあり）で会うことができます。こちらにはキリン、ダチョウ、サーバルキャット、ミーアキャットとともに計5種が展示されています。

飼育関連DATA

○飼育個体数
1コロニー、飼育数10頭
最初に来た10頭のうち1頭が死亡、1頭が繁殖して無事に育ったため、現在は10頭を群れで飼育

○一日のタイムテーブル
朝、温度・湿度のチェックを行って適正な範囲にあるか確認。寝室の場所や巣の状況の確認を行う。

給餌日にはトイレ掃除や、餌の設置、寝室に使用する巣材を部屋ごとにいれる量を変えたりすることで本来の働きデバたちの掘る行動を促す。

夕方にも生存確認と温度、湿度のチェックを行う。

○給餌内容
2日に1回、ジャガイモ、ニンジン、サツマイモ、リンゴ、コマツナを計200g、マウスペレット20g給餌。

地中で暮らす動物のため活動している時間はさまざまなので、なるべく多くのデバネズミたちが起きて行動しているタイミングでの給餌を心掛けている。

STAFF COMMENTS

飼育のあゆみ

「2015年8月、このころオープン予定だった新施設アフリカゾーンにおいて新たに飼育展示をするため、埼玉県こども動物自然公園より、オス5頭メス5頭の計10頭を譲り受けて飼育を開始しました。当時、国内の動物園では、東京の上野動物園と埼玉県こども動物自然公園の2施設でしか飼育されておらず、飼育に関する知見も蓄積している途中という状況であったことから、導入の際に、職員がこれらの施設や国内で同種を飼育している研究機関などにお邪魔して飼育管理方法などを学ばせていただきました」

飼育上、気をつけていること

「大きな音や振動に敏感なため、作業中音をなるべくたてないようにしている一方で、作業音や環境音に慣れてもらうためにラジオを常時流しています。また匂いに敏感で、人の匂いが影響してしまう恐れもあるため、清掃に使用するタオルにはデバネズミの使用したチップなどを軽くこすりつけたものを使用しています。

さらに、デバネズミたちは群れで生活しており、その中でも真社会性という変わった構造を持つ動物のため、女王デバや働きデバ(雑用係)などそれぞれの役割が決まっています。働きデバがしっかり働くことは群れ全体の安定にもつながりますので、働きデバに役割をしっかりと行ってもらうために、チップを入れる場所や量を調節することで部屋の行き来をしづらくし、働く時間を長くする工夫をしています」

飼育中の個体について

「今の女王は皮膚が他の個体と比べて少し乾燥しています。いつも巣の中に残っていることが多く、群れの一番上で寝ています」

飼育担当者より

「担当になる前からハダカデバネズミはとても面白い動物だなと感じていました。実際に飼育をさせてもらうと、デバネズミ同士の何種類もある声でのコミュニケーションであったり、体にある小さな毛を使って素早い方向転換や危険時の察知、下の歯は自由に開き、餌をしっかりつかむなど土の中での生活に適した姿が新鮮で驚かされます。また、給餌や清掃の工夫などで小さな行動変化なども見ることができ、わかっていないことも多いですが、やりがいがあり、日々の行動一つ一つが魅力的な動物だと感じています。

当園の展示は、実際にアフリカの地中で暮らすデバネズミたちの生活や行動を感じられるものになっています。筒の中の餌や巣材を一生懸命口にくわえて運ぶ姿や、群れで重なって寝ている姿の中に、それぞれの役割があるので是非どんな役割を担っているのか観察してみてもらいたいと思います。

また展示場にはデバネズミについて説明したサインも設置しているのであわせて見ていただき、彼らにもっと興味を持っていただけたらと思います」

SPOT 3

体感型動物園iZoo

静岡県賀茂郡河津町浜406-2
http://www.izoo.co.jp/

アツイ視線を集める施設唯一の哺乳類

2012年12月にオープンした爬虫類・両生類をメインに展示するiZoo。国立公園にある相模湾が一望できるロケーションで、ワニやリクガメ、カメレオン、ヘビ、世界で唯一生体が展示されているミミナシオオトカゲほかさまざまな動物に会うことができます。有毒でなければ触れられる種類も多く、ゾウガメに乗ったり、ニシキヘビを首に巻いたりというここならではの触れ合い体験企画も。人気のカメレースも盛り上がること必至。

そんなiZooで唯一の哺乳類としてて来園者の注目を集めるのがハダカデバネズミ。飼育施設が限られるためここで初目撃する人も多く、SNSには驚きの声が多数上がっています。

飼育関連DATA

○飼育個体数
3コロニー、20匹。内訳は展示4匹、バックヤード①15匹(うち子供8匹)②1匹

○飼育作業内容
※展示とバックヤードでは異なる
《展示》朝8時ごろ、前日の餌の残り回収とその日の給餌、トイレ掃除、展示回りの掃除など、ほぼすべての作業を済ませる(それ以降は様子を観察する程度)。これに加え、巣の中の床材の回収や補充などを週1回程度、3カ月に1度程度、生体を回収し巣の大掃除など。

《バックヤード》朝8時ごろ、給餌。バックヤードの飼育スペースは基本的に暗幕をかけて管理しており、普段内部は確認できないのでこの作業時に注意深く観察。そのほか湿度の状態確認や温度の確認などは念入りに行い、加湿作業も積極的に行う。後は数日に一度、床材やトイレの汚れ具合を見て交換や掃除。

○給餌内容
サツマイモ、ニンジンを主に、嗜好性の高いものとしてリンゴ、バナナ、水分の多いものとしてコマツナ、補助食的な意味合いで齧歯類用フード
分量：厳密には決めず、餌が切れないようにすべての種類が少しずつ次の日も残る量が目安。また妊娠中や子育て中は摂餌量が増えるのも考慮して用意

STAFF COMMENTS

飼育上、配慮していること

「気をつけているのはできるだけかまわない、手を出しすぎないようにするということです。彼らは想像以上に人間による環境の変化を意識しているようで、掃除をしすぎると敏感にそれを感じ取るのか、寝床やトイレ、餌場を頻繁に変えたりする傾向がありました。

そこで、汚くしたほうがいいというわけではないですが、掃除はなるべくしない方向をとっています。飼育下ではどうしても見た目をきれいにしたくなりますが、清掃により匂いが薄くなって落ち着かなくなるようでそわそわしたり、子育て時に育児放棄をしたり、繁殖もうまくいかなくなる気がするのです。

育児放棄率の高さに悩まされたとき、餌を増やしたり変えたり、巣穴の部屋数を増やしたりコロニーを分けたりしてみたもののあまりうまくいかないことが続きました。そこで思い切って掃除を極力しないようにしたところ育児放棄率が下がり状態も目に見えて向上したので、以降はそこを意識するようになりました。そのぶん湿度や温度の管理は前以上に気をつけて行っています。

そのほか苦労した点は、彼らの下克上制度に関することです。ただでさえ出産後の子供の生存率は低いのに、ごくたまに出産後の女王の座を狙って他の個体の下克上が起こり、そこでまた一気に個体数が落ち込んだりするのです。現在は以前よりは改善しましたが、引き続き油断はできません」

飼育中の個体について

「個体間の身体的特徴がほとんどない種なので見分け自体はかなり難しいです。ただ成長がかなり遅いという特徴から、サイズの違いや皮膚の質感などで区別できたりはします。

また会話のように音声で社会性を保つ生き物でもあるので、その鳴き方である程度関係性がわかったりもします。行動や役割でいうと女王は子育て中や妊娠中はかなりわかりやすいです。おなかが張っていたり、

子育てをしたりしているので世話をするときも子を守ったり巣全体を見回っていたりするのを確認します。ただ意外と身体が大きいもの＝女王というわけではないので、下克上などで入れ替わった最初のうちは判断に苦労することもあります。

　外見的特徴からはわかりづらいですが、ワーカーたちはせっせと動き回っているので、そうかなと感じます。世話をしていると真っ先に様子を見に来たり、餌を交換するとすぐやってきます。掃除している個体は掃除道具を巣穴へ持って帰ろうとしたり。野生下で食べられる係や数の少ないコロニーでの肉布団係も担うことになるので大変だな……と思いながらいつも観察しています。繁殖オスもコロニー内では見るからに痩せていたりするときがあるのでわかりやすかったりします。女王に迫られて交尾をするそうで、かなり体力を消耗する係のようです。子供たちはある程度育つまではいつも寝室にいます。世話で巣の中を騒がしくしてしまってもある程度育ち、役割が決まるまでは寝室の中で動き回るだけで、かなり守られながら育っていきます」

来場者の反応

「キモかわいい、といった表現で評されることの多い動物で、来園された方も最初は外見から『キモい』と声を上げられることが多いです。ただ、彼らの様子を見ていただくうちにそのマイペースさやチョコチョコとした動きを『かわいい』『面白い』と言ってくださったりしますね。また、どこにいますか？　とハダカデバネズミ目当ての方もいたりと、根強い人気を感じたりもします」

飼育担当者より

「個人的にもともと齧歯類は好きで、担当前は少し変わったネズミというくらいの印象でもっと簡単に飼えるのかなと思っていましたが、実際に飼育や繁殖に取り組んでみて、その変わった生態は一筋縄ではいかない、本当に奥の深いものだと実感しました。３年経った今もまだまだだと思い知らされることが多々あります。ただ彼らの特徴である寿命の長さは、長いつき合いになるということでもあるので、どんどん思い入れは強くなっていますね。

　当園の展示は、常に姿が見える状態で行っています。開園直後は餌を運搬する様子、お昼ごろには睡眠中の姿、午後には活発に動き回る様子を見られるはずなので是非さまざまな表情を見ていただきたいです。また、当園は展示場が通路に置かれているスタイルですので、彼らが活動しているときに耳をすませていただければチーチーと会話しているのもおわかりいただけるかもしれません」

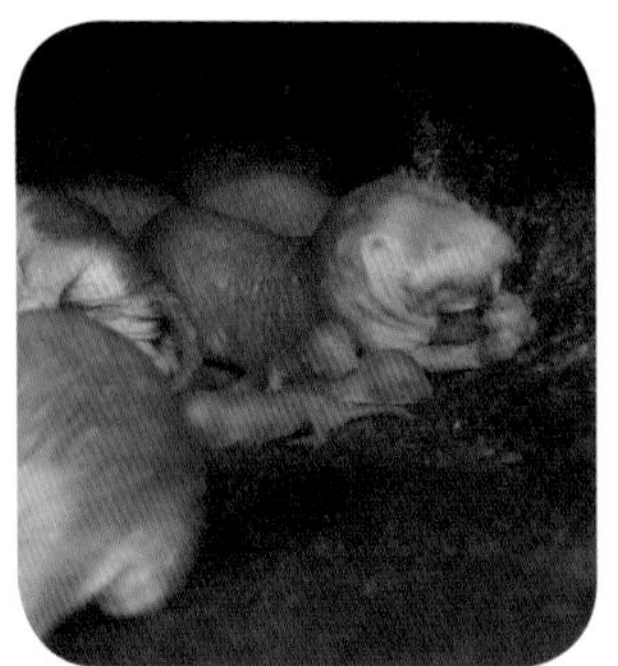

こちらもチェック!

東京都恩賜上野動物園

東京都台東区上野公園9-83
https://www.tokyo-zoo.net/zoo/ueno/

1882(明治15)年3月に開園、日本一の歴史を誇る上野動物園は、国内外からの観光客、リピーターの来園も多い都会のオアシス。東園と西園があり、ハダカデバネズミに会えるのは、不忍池を囲む西園にある小獣館。

展示コーナーはハダカデバネズミの故郷を思わせる風景が描かれ、地下で繰り広げられるその集団生活の様子を再現するように動き回るデバたちの姿を観察できるデザイン。海外の人も珍しい動物の想像を超えた姿や動きに目が釘付け!

現在日本のハダカデバネズミ研究を牽引する三浦恭子さん(→P112)が初めて本物の彼らを目撃したのもココ!

KICK!!!

おわりに

　もう30年近く前、京都で開催された動物行動学の国際大会で、僕は初めてハダカデバネズミの話を聞いた。あの動物を飼ってみたい！　そして鳴き声を聞いてみたい！　願いは通じるもので、その数年後、僕はアメリカの研究仲間からデバを分与してもらった。千葉大学教養部の小さな飼育室から始まり、理学部のスケケ飼育室、理研の超高性能空調付き飼育室へと、わらしべ長者のように僕のデバ飼育室は大きくなっていった。デバに関する研究業績も出始め、そして２００８年に日本で初めてのデバネズミ本、『ハダカデバネズミ――女王・兵隊・ふとん係』（岩波科学ライブラリー）を当時大学院生だった吉田重人氏と共に出版した。

　ところが、その２年後、僕はデバの研究を止めてしまった。デバでやれそうな研究はたくさんあったが、僕はデバ研究者であることより言語起源研究者になることを選んだのだ。デバでやれる音声の研究については、もう十分やってしまった気がしていたのだ。そこに、お互いにとって運よく現れたのが三浦恭子さんであった。僕は三浦さんにデバ研究の未来を託し、現在の所属である東京大学に異動した。

そういうわけで、僕自身はデバ研究から離れてもう10年以上になる。だからまたデバの本を監修するようになるとは思わなかったが、ここ10年のデバ研究の歩みを振り返るのに良い機会だろうと思い、軽い気持ちで引き受けてしまった。

そしてこの本、軽い本ではない。軽いところとずっしりと読み応えがあるところが、入れ子構造になっている。まずは軽いところだけでもいいから読んでみてほしい。そうすればずっしりとしたところも読みたくなるに違いない。

この本は、デバの魅力、デバの特徴、デバ研究の歴史、そしてデバ研究の最前線まで、これ1冊でデバ博士になれるくらいよくできた本だ。この本を監修した結果、僕は今、デバの研究を続けていればよかったんじゃないかなという後悔を感じている。この10年のデバ研究の進展はそれほど素晴らしいのだ。

すでに『ハダカデバネズミ』を読んだ人にとっても、この本はさらなるデバの魅力を教えてくれるはずだ。この本がデバの魅力たっぷりになったのは、三浦さんとトーマス・パーク氏のご厚意によるところが大きい。お二人には、インタビューにも応じていただき、最新研究についての知見も授けていただいた。ありがとう！　デバの最新資料を読み込み、それをわかりやすくまとめて下さったライターの立花律子さん、全体を手際よくまとめてくれた編集の森哲也さん、ありがとう！　そしてもちろん、この本の読者となってくれたあなた、ありがとう！　これからもデバ研究を見守っていて下さいね。

岡ノ谷一夫

PHOTOGRAPH
写真提供

■カバー
©Getty Images/National Geographic

■カバー／帯(キリヌキ)
PPS通信社

■表紙
熊本大学 老化・健康長寿学講座
(ハダカデバネズミ研究室)

■本文
PPS通信社
……P2-3／P4／P6左／P8／P14／P20〜(キリヌキ)／
P21／P23／P27／P29／P51／P55

熊本大学 老化・健康長寿学講座
(ハダカデバネズミ研究室)
……P5／P6右／P7／P9下／P11上／P13／P31／
P32／P33／P34-46／P56-63／P117／P118／
P124／P126／P136

©Thomas Park
……P9上／P11下／P105／P106

埼玉県こども動物自然公園
……P128／P129

札幌市円山動物園
……P130

体感型動物園iZoo
……P133／P134

BIBLIOGRAPHY
引用・参考文献

『ハダカデバネズミ―女王、兵隊、ふとん係』（岩波科学ライブラリー１５１〈生きもの〉）吉田重人・岡ノ谷一夫 著　岩波書店　２００８年

『「つながり」の進化生物学』岡ノ谷一夫 著　朝日出版社　２０１３年

『社会性と知能の進化 チンパンジーからハダカデバネズミまで』（別冊日経サイエンス１５５）日経サイエンス編集部 編　２００７年
「アリのような社会をもつハダカデバネズミ」Naked Mole Rats Paul W. Sherman/Jennifer U. M. Jarvis/Stanton H. Braude 子安和弘 訳 SCIENTIFIC AMERICAN August 1992

『動物大百科5 小型草食獣』今泉吉典監修 D・W・マクドナルド 編　平凡社　１９８６年

EUSOCIALITY IN A MAMMAL: COOPERATIVE BREEDING IN NAKED MOLE-RAT COLONIES. Jennifer U. M. Jarvis in Science, Vol. 212, No.4494, pages 571-573; May 1,1981.

THE EVOLUTION OF EUSOCIALITY. Malte Andersson in Annual Review of Ecology and Systematics, Vol.15, pages 165-189;1984.

THE BIOLOGY OF THE NAKED MOLE-RAT. Edited by Paul W. Sherman, Jennifer U. M. Jarvis and Richard D. Alexander. Princeton University Press,1991.

Buffenstein R, and Yahav S (1991) Is the naked mole-rat Heterocephalus glaber an endothermic yet poikilothermic mammal? J Therm Biol 16, 227-232.

『ｎａｔｕｒｅダイジェスト』公式サイト ２０１３年９月号記事「ハダカデバネズミの発がんを防ぐヒアルロン酸」（原文：２０１３年６月19日付『ネイチャー』）
https://www.natureasia.com/ja-jp/ndigest/v10/n9/%E3%83%8F%E3%83%80%E3%82%AB%E3%83%87%E3%83%90%E3%83%8D%E3%82%BA%E3%83%9F%E3%81%AE%E7%99%BA%E3%81%8C%E3%82%93%E3%82%92%E9%98%B2%E3%81%90%E3%83%92%E3%82%A2%E3%83%AB%E3%83%AD%E3%83%B3%E9%85%B8/46099

Seluanov, A. et al. Proc. Natl Acad. Sci. USA 106, 19352-19357, 2009.

Kim, E. B. et al. Nature 479, 223-227; 2011.

Tian, X. et al. Nature 499, 346-349; 2013.

「老化・がん化耐性研究の新たなモデル：ハダカデバネズミと長寿動物を用いた老化学」岡香織・三浦恭子　『生化学』第88巻第1号　公益社団法人日本生化学会　２０１６年
https://seikagaku.jbsoc.or.jp/10.14952/SEIKAGAKU.2016.880071/index.html

北海道大学科学技術振興機構（ＪＳＴ）・慶應義塾大学プレスリリース（２０１６年５月10日付）「がんになりにくい長寿ハダカデバネズミから初めてｉＰＳ細胞作製に成功」
https://www.jst.go.jp/pr/announce/20160510/index.html

『ナショナル ジオグラフィック日本版』公式サイト　２０１７年４月25日付記事「ハダカデバネズミ、酸素なしで18分生きられる」
https://natgeo.nikkeibp.co.jp/atcl/news/17/042400156/

ＮＰＯ法人オール・アバウト・サイエンス・ジャパン 公式サイト「論文ウォッチ」２０１８年２月８日付記事「ハダカデバネズミの長寿の秘密（米国アカデミー紀要オンライン掲載論文）」
https://aasj.jp/news/watch/8026

理化学研究所・国立大学法人総合研究大学院大学（総研大）プレスリリース（２０１９年１月17日付）「ハダカデバネズミは尾を引っ張り、仲間の労働を妨害する」
https://www.soken.ac.jp/news/6030/

岡ノ谷一夫（おかのや・かずお）
1959年栃木県生まれ。生物心理学者。東京大学大学院総合文化研究科教授。慶應義塾大学文学部卒業、米国メリーランド大学心理学研究科博士課程修了。千葉大学文学部助教授、理化学研究所チームリーダー等を経て2010年より現職。著書に『さえずり言語起源論―新版小鳥の歌からヒトの言葉へ』（岩波科学ライブラリー）、『「つながり」の進化生物学』（朝日出版社）、『脳に心が読めるか―心の進化を知るための90冊―』（青土社）、『ハダカデバネズミ―女王・兵隊・ふとん係』（吉田重人との共著／岩波科学ライブラリー）、『言葉の誕生を科学する』（小川洋子との共著／河出文庫）ほか多数。

ハダカデバネズミの ひみつ

2020年8月13日　初版第1刷発行

監　修　岡ノ谷一夫
発行者　澤井聖一
発行所　株式会社エクスナレッジ
〒106-0032　東京都港区六本木7-2-26
http://www.xknowledge.co.jp/

問合先　編集　TEL.03-3403-6796
FAX.03-3403-0582
info@xknowledge.co.jp
販売　TEL.03-3403-1321
FAX.03-3403-1829